数学对话录

〔匈牙利〕阿尔弗雷德·雷尼 (Alfréd Rényi)　著

陈家鼐　译

北京大学出版社
PEKING UNIVERSITY PRESS

图书在版编目(CIP)数据

数学对话录 / (匈) 阿尔弗雷德·雷尼著；陈家鼐译. —北京: 北京大学出版社, 2021. 1

ISBN 978–7–301–31890–4

Ⅰ.①数… Ⅱ.①阿… ②陈… Ⅲ.①数学 – 研究 Ⅳ.①O1

中国版本图书馆 CIP 数据核字(2020)第 248073 号

书　　　名	数学对话录	
	SHUXUE DUIHUA LU	
著作责任者	〔匈牙利〕阿尔弗雷德·雷尼(Alfréd Rényi) 著　陈家鼐 译	
责 任 编 辑	潘丽娜	
标 准 书 号	ISBN 978–7–301–31890–4	
出 版 发 行	北京大学出版社	
地　　　址	北京市海淀区成府路 205 号　100871	
网　　　址	http://www.pup.cn　新浪微博: @ 北京大学出版社	
电 子 信 箱	zpup@ pup.cn	
电　　　话	邮购部 010–62752015　发行部 010–62750672	
	编辑部 010–62752021	
印 刷 者	北京九天鸿程印刷有限责任公司	
经 销 者	新华书店	
	850 毫米×1168 毫米　32 开本　4.625 印张　80 千字	
	2021 年 1 月第 1 版　2022 年 7 月第 2 次印刷	
定　　　价	38.00 元	

献给母亲

关于本书的作者和译者

　　《数学对话录》的作者阿尔弗雷德·雷尼（Alfréd
Rényi, 1921-1970）是蜚声国际的匈牙利数学家。他在
1944 年毕业于布达佩斯大学，主修数学和物理，后来在数
学大师里斯门下修得博士学位。1946 年他去苏联列宁格勒
大学进修，在那儿写下了著名的关于哥德巴赫猜想的论文。
我国数学家陈景润 1973 年在这一问题上所取得的杰出成
果，就是把雷尼的工作加以推进而得到的。雷尼的研究工
作几乎遍及数学的各个分支。就数量而言，他工作得最多
的领域是概率论、数理统计和信息论。雷尼是匈牙利科学
院院士，曾长期担任匈牙利科学院数学所所长和布达佩斯
大学概率系系主任，并曾多次出国到剑桥、斯坦福大学讲学。
除了科研教学之外，雷尼对匈牙利国内各级学校的数学教
育也十分关心。他曾在国家电视台主持过通俗数学讲座并
负责过一系列从小学到大学阶段的数学竞赛。

　　译者陈家鼒（1937—2019），笔名欧凡，江苏南通人。1971年毕业于德国柏林自由大学，主修数学和物理。1976年底回到北京，任教于首都师范大学数学系。历任讲师、副教授、教授。专业领域是环论、模论、同调代数和Hopf代数等。1982年到1985年间到美国、（当时的）西德和比利时进修、访问。著有数学教材《环与模》，诗文集《回音壁》《诗国漫游录》，散文集《柏林苍穹下》，译著《歌德诗选》《佩索阿诗选》《漫游者寄宿所》等。

本书简介

    爱书的人一定都能领略偶然发现了一本好书的喜悦。我之所以着手把雷尼的这本《数学对话录》译成中文，一方面是被它的内容所吸引，另一方面，也正是这种意外的喜悦推动了我。

    雷尼的《数学对话录》，与其说是科普性的专著，不如说是作者治学之余的游戏之作。因此这本书的浅易性可能略差一些。但另一方面，作者得以纵笔驰骋的余地也就更大了。说是游戏之作，本书却又不同于《爱丽丝梦游仙境》，因为它同时处理了关于数学的本质及其发展等大问题，而且达到了相当的深度，这可说是本书的一大特点。

    《数学对话录》共分三个片段，每一片段围绕着一个主题，并"请"一位古代的思想家"现身说法"。作者交代过，古人之言，多是作者杜撰（只有译文中加线的部分是引自文献的原话）。但作者也强调了力求做到不违背史实，不让古人说出不符合当时科技发展水平的话来。从这一点来说,本书又不能作为一般历史剧来读,这是它的又一个特点。事实上,苏格拉底、阿基米德和伽利略都是划时代的思想家,都对当时和后来的科学思潮起过巨大的影响,因此借这三人来探寻他们各人所处时代的科学成果与思想的线索,确实是个很经济的手法。至于这三个主题与由之决定的三个时代,以及对话者的选择,自然是基于作者本人的数学发展史观。不论这观点被接受的程度如何,作者对问题的处理却是严肃认真的。

第一个主题要说的是数学与抽象思维及逻辑的关系。这里有两个主要的内容。首先,从数学本身的发展来说,经过了从古埃及到希腊这一长时期的大量实践,抽象的概念已经丰富起来且逐渐被普遍接受,这一过程的结束实际上标志了数学作为一门独立学科的诞生。这里着重指出了抽象思维对于提高认识层面的必要性,剔除了它的神秘性,因而也使许多披着其神秘外衣流播的错误思想无所遁形。其次,数学责无旁贷地成了严密推理的最佳模型,因而数学与逻辑学在这一阶段里相生相长。数学上习用的思维规则成了检验某个学说或主张的严密性的基本工具。数学的这项作用,在人类文明史上有着重要的影响。

第二个主题要说的是数学与实践的关系,事实上也就是要指出数学是应用科学的一个部分。当然在阿基米德时代,数学的应用主要是几何的应用,并且表现在计算静力的合成分解和决定简单运动的轨迹等方面。阿基米德热情地肯定了应用,同时也尖锐地批评了罗马人的急功近利。

他认为科学的发展需要对知识的热爱，也需要看起来像是奢侈浪费的沉思冥索。用今天的眼光看来，雷尼的说法可能夸张了一些，但是在历史上，这种思想应该是真实的和起过一定启发作用的。

第三个主题是第二个主题的延续，主要讨论数学与运动的关系。对于运动的认识，是古代科学上的难题。社会发展到了伽利略的时代，航海、天文等方面的知识大大丰富了，生产的工艺水平大大提高了，因此，认识运动（在伽利略那里，就是认识自然）的条件也趋于成熟了。正是伽利略掌握了开启认识自然之门的钥匙，因为他看到了，大自然的规律，唯有表达为数学的语言，才是真正被认识到了。伽利略的后来者们继承了他的事业，从而近代物理和工程学也相继诞生了。这一主题也借伽利略之口说出了：科学的进展，需要冲破传统束缚的勇气。

读雷尼的《数学对话录》，不需要任何专门知识。但是只有肯思考的人，才能循着他的引导，从最远的门外，拾级而登，渐入佳境，最后在科学的殿堂里找到自己能够欣赏的杰作。这正是雷尼的高明之处。至于雷尼如数家珍般提及的西方古代文明，我们大概只能仿佛其一二。倒是雷尼笔下随时流露的机智幽默，是每个读者都能分享的。

雷尼英年早逝，我们深憾不能见到他笔下的更近代的大家，例如牛顿、爱因斯坦等。但是他对于近代以前数学和自然科学发展的三大阶段处理得那么生动和紧凑，以至当我们合上《数学对话录》的最后一页时，数学进展的脚

3

步对我们已是如此熟悉，似乎我们已经隐隐听到地平线远处传来的隆隆机器之声了。

如果要对《数学对话录》提个小小的异议，那么，三位主人公的形象似乎都塑造得太完美了。他们不仅集中了各人所处时代的智慧，也具备了在所有时代都不愧为最高尚的品德：苏格拉底的痛恨虚伪、阿基米德的痛恨战争的残酷、伽利略的痛恨学究学僚……当然，这些都是作者有意为之的。如果读者们能从雷尼的弦外之音中有所感悟，那就是数学之外，或数学之上的收获了！

目　录

苏格拉底对话录

苏——苏格拉底(古希腊哲学家)

希——希波克拉底(古希腊医师)

苏：你好，希波克拉底！你有事儿吗？在忙什么呢？在找人吗？

希：哎哟，苏格拉底，你好！我可不正要找你呢！我跟踪你到了吕基翁，又到了阿戈拉。那儿的人跟我说，你往这儿的伊利索斯海边来了。我一听说，立刻就赶来了。

苏：那你就说吧，要我为你办什么事呢？我也有几个问题正要跟你谈谈呢。自从我们上回跟普罗塔哥拉谈了一次话以来，我脑子里就一直想着这几个问题。你还记得那次谈话吧？

希：我怎么忘得了那次谈话，我没有一天不在回味它。正是为了一个有关它的问题，我才来找你商量的。

苏：那真是再巧不过了。你要找我谈的事也正是我要对你谈的事。这么一来，两件事不是合二为一了吗！可数学家们却总是说，二永远不可能等于一呢！

希：你真能察言观色，苏格拉底，我找你就是想跟你谈数学的问题。

苏：但是你却知道，我不是数学家！你为什么不去找饱学的西奥多罗斯呢？

希：你真使我吃惊，苏格拉底。我还没说出我的问题，你就猜着了。正因为我正合计着要不要去做西奥多罗斯的学生，我才来寻求你的指引的。上次，当我找你并说出有意加入普罗塔哥拉的门下时，你带我去见他。你引导我们的谈话是那么高明，使人一听便知。作为诡辩学家，普罗塔哥拉在他拿什么知识传授给学生这个问题上是多么的理穷。他根本就不知道自己在说什么，根本就说不出他（所谓）的知识有什么用处。于是我放弃了原来的打算，决定不做他的学生。那次谈话告诉了我不该做什么，可还没有告诉我该做什么，从那以后，我脑子里就一直反复思索着这个问题。在生活上，我过得挺舒服。我和一班老朋友出入健身房，游宴欢聚，纵情于各式各样的乐事。但这些却不能满足我，我简直没有一刻能够心安，当我感到，我知道得是多么少。或者，说准确点，当我感到，我的知识是那么的不扎实和有本有源。特别是自从和普罗塔哥拉那次谈话之后，我才弄清楚了，我对于一些习以为常的概念，例如真、善、美，平常自以为已经确切了解了，原来只有一些完全模糊不清的想象。在那次谈话中你教会了我许多东西，我认为，认识到了自己对于这些概念的理解是多么贫乏，这对我来说是一个巨大的收获。

苏：我真高兴，希波克拉底，你能够这么好地了解我。我一向坦白承认，我是一无所知的，但和大多数人不一样，我从不以不懂装懂。

希：这就清楚地说明，亲爱的苏格拉底，你比起所有别的人来是多么智慧。但是，这样的智慧还不能满足我。我渴望得到确切的、有根据的知识。不达到这一愿望，我就永远不能心安。自从和普罗塔哥拉那次谈话以来，我不断地问我自己，我该就教于谁？既然不值得投入诡辩学派的门下，我又该学些什么？不久之前，我同泰特托斯谈过，他告诉我，我想追求的那种知识，只有在数学中才能找到，因此他劝我跟着他的老师西奥多罗斯学数学。在雅典，没有人比他老人家更精通有关数和几何的学问。现在请指点我吧，就像当初我想做普罗塔哥拉的学生时一样。因为我不愿做出将来可能追悔的决定。请告诉我吧，苏格拉底，要是我投入西奥多罗斯门下，跟他学数学，我能找到我所寻求的吗？或者这又将是徒劳一场呢？

苏：你对我提这样的问题，是太看重我了，希波克拉底。如果你想学数学，那么我能给你的答复只能是，你找不到一个比我的深受尊敬的朋友西奥多罗斯更好的老师了。但是你学数学是不是选择对了，却只有你自己能够决定。无论如何，你必须知道你自己的意愿。

希：可是，苏格拉底，你为什么不肯帮助我了呢？是我让你生气了吗？要是我无意中这么做了，那么就请直言，我要怎样才能得到你的原谅。

苏：你误解我了，希波克拉底，我巴不得能帮上你的忙，可是你要我做的，却是我力所不及的。我怎么能越俎代庖，替你决定该做什么呢？在这个问题上，每个人都只能自己去决定。我唯一能为你做的只有这件事，用我的产婆术为你自己的决定做一点催生的工作。

希：我请求你，苏格拉底，不要拒绝对我的帮助。

要是你现在有时间，那么让我的生产立刻就开始罢。

苏：好！看到那棵橄榄树了吗？让我们躺在它的树荫下，开始我们的工作吧。但是，首先告诉我，<u>你同不同意，我们完全照我的方式来进行这次谈话。就是说，我提问题，你来回答。</u>同时不要忘了，你从这样的谈话中所能得到的好处仅仅是，<u>更好地认识你所已知的。而我们所要发现的也将仅仅是原来就已经潜伏在你身上的。</u>我希望，你不至于像大流士王那样。这位国王把他的一位矿场总管处死了，因为他从矿坑里开采出来的是铜，而大流士王想要找到的是金。他恰恰忘了，一个掘矿人能够从地里掘出的，只能是地里原有的东西。我希望你不要犯大流士王的错误。

希：我向天神宙斯起誓，绝不归咎于你。现在，就请说吧！别再用拖延来折磨我了。

苏：就照你的意思做吧。那么，首先告诉我，到底什么是数学？我总得假定，你既然打算学某一样东西，你一定知道它是个什么。

希：这个问题黄口小儿也能回答，数学是一门科学，甚至是最精粹的科学之一。

苏：我要听的不是对于数学的赞颂，而是，它到底是干什么的。为了让你更明白我的问题，我们不妨先拿另一门科学来做个比较，比如说医学。如果我说，医学是一门关于疾病和卫生的科学，它的目的是治病和保健，

你认为对吗？

希：当然，它是这样的。

苏：世界上有哪些疾病，怎样去研究和治疗它们，这只有医生才知道，甚至于他们所知道的也还是很少。医学的对象和目的是什么，确实可说是小孩子也知道的。但是对于数学，情况是不是有点不一样呢？

希：那么，请你说一说这个差别吧，苏格拉底，因为我还看不明白。

苏：仔细想想吧。医学是不是有一个研究的对象？这对象是存在的，还是不存在的？要是没有医生，可不可以说，疾病就不存在了呢？

希：当然，可能还更多呢。

苏：现在我们再看一门别的科学吧。天文学是研究星星和它们的运行的，这么说对吧？

希：再确切不过了。

苏：那么要是我问，天文学研究的对象存在还是不存在，你怎么回答呢？

希：显然，天文学所研究的对象是存在的。

苏：要是没有天文学家，星星也存在吗？

希：当然，就算天神宙斯一怒而毁灭了整个人类，星星也仍然每夜在天上闪耀。但是为什么我们要谈天文学而不谈数学呢？

苏：可别性急呀，我的朋友，在谈论数学之前我们大可再多谈几样别的科学和行业，这样我们手上就能有些东西，我们正要依赖它们来和数学以及数学家的工作进行比较。一个人，他专门研究动物和植物，他知道海的深处和树林里有着一些什么样的居民，这个人你该称他是什么？

希：生物学家。

苏：要是我说，这个人研究一些东西，它们存在于自然中，你同意吗？

希：当然。

苏：一个人，他专门研究岩石，他知道，那些是含铁的，你将怎么称呼他呢？

希：他是个矿物学家吧。

苏：这样一个人是和存在着的东西打交道呢，还是和不存在的东西打交道？

希：当然是和存在着的东西。

苏：那么我们能不能下结论说，每门科学都研究存在着的东西呢？

希：看来像是这样。

苏：啊哈，那么，希波克拉底，告诉我，什么是数学的对象呢？数学家研究些什么呀？

希：我也问过泰特托斯这个问题，他回答我说数学家研究的是数和几何图形。

苏：这个回答是不含糊的，事实上他也不可能找到更好的回答。可是让我们再来仔细想一想。我们能不能说，数和形是存在的事物？

希：我看这没有问题吧，因为，要不然，我们怎么能谈论它们呢？

苏：不错。可是，这里却有些使我迷惑不解的东西。就拿素数来说吧，它们是像星星或者鱼那样存在着吗？要是没有数学家，素数也存在吗？

希：我开始有点糊涂了。你到底想得到什么结果呢？我看得出，事情不像我原来想得那么简单。我必须承认，对你的问题我不知道要怎样回答才好。

苏：我们不妨把这问题换一种说法来提：你的意思是，即使没有人去观察，星星仍将在天空浮现；即使没有人去捉，既不捉来吃，又不捉来研究，鱼儿仍将在海里遨游？

希：不错。

苏：那么素数在哪儿呢？如果没有数学家去研究它们？肯定的是，它们哪儿也不在。因为当数学家想着素数时，素数存在他们的头脑里，当没有人想着素数时，它们就哪儿也不在。那么我们是不是该说，数学家所研究的东西，是有了他们才存在的呢？

希：看来确实是这样了。

苏：如果我说，数学家是和那些个事物打交道的，它们根本不存在，或至少是，它们不像星星或鱼儿那样存在，你认为我说得对吗？

希：一点也不错。

苏：为了谨慎起见，让我们把事情再看得仔细一点，欲速则不达。你有一块石蜡板吗？

希：在这儿呢。

苏：现在，看仔细了，我写上一个数，就说是 29 吧。这个数存在吗？

希：当然，我们看见它嘛，甚至还能摸得出来。

苏：那么，数岂不是存在的吗？

希：你开我的玩笑吧，亲爱的苏格拉底？你看这儿，我在蜡板上画一只狮子，再画一只七个头的龙，两个图形我们都能在石蜡板上看到。可是，狮子是确实存在的，但龙是不存在的，至少我可没有见过，不仅如此我所遇到过的最老的人，也同样没有见过。就算我弄错了，龙是真存在的，比如说在黄泉碧落之外吧，这也不影响我们目前讨论的问题。因为即使这样，龙的存在也不是由于我在这块板子上画了一个我想象的产物。要是有龙的话，我不画它，它也照样存在。

苏：没有错，希波克拉底，我看得出，你领悟得快极了。那么，是不是说，数实际上并不存在，即使我们可以谈论它们，写出它们？

希：对，至少，它们不是像狮子或石头那样存在着。

苏：我们必须避免过早地下结论。把这问题看得再仔细一点，我们能够数这片草地上的羊群或者比雷埃夫斯港的船只，对吗？

希：这是毫无问题的。

苏：羊和船都存在，是不是？

希：显然是的。

苏：如果羊是存在的，那么用以计数它们的数不是也存在了吗，看起来数学家到底还是和存在着的事物打交道了，不是吗？

希：你又在开我的玩笑了，我亲爱的苏格拉底？你未免走过头了吧，怎么说数学家也不会把时间浪费在数羊群上的。这是牧羊人干的事，而且他不用什么学问就干得了。

苏：我是否能这样理解你：数学家是不干数羊群或船只的事的，他们研究的只是数本身。换句话说，他们所研究的事物，是除了在他们的思维中哪儿都不存在的，这么说对吗？

希：这正是我的意思。

苏：要是我没有记错的话，你方才说——你从泰特托斯那儿听到的就是这样——数学家是研究数和几何图形的。让我们来考察一番关于几何形状，事情和数的情

13

形有没有两样。如果我问，几何形状存在吗？你将怎么回答？

希：它们存在。当人们看到一只形状很美的花瓶时，他们总说：它做得真好。形状是我们眼睛能够看见，手指能够感觉的。这样我们就有理由说，形状是存在的了。

苏：亲爱的希波克拉底。你说得好极了，只差一点儿我就要被说服了，允许我指出我还弄不清楚的一点吗？

希：哪一点呢，苏格拉底？我什么地方又弄错了吗？

苏：这要由你自己来判定。当你看到一只花瓶时，你看到的究竟是什么？是花瓶（本身）呢，还是它的形状呢？

希：两样都能看见。

苏：对我来说，花瓶倒跟羊有点一样。你看得见羊，也看得见羊身上的羊毛，不是吗？

希：我觉得，这个比喻挺好。

苏：但我却觉得，这个比喻就有点像跛腿的火神赫菲斯托斯。你大可剃去羊身上的毛，这样你就可以看到没有毛的羊，或者没有羊的毛，你也能像这样把花瓶与它的形状分开来吗？

希：当然不能，谁也不能。

苏：现在你还断言，我们能看见几何形状吗？

希：我开始怀疑了。

苏：至少是在眼前这一刻，在我看来，花瓶的形状离开了花瓶，就不存在了。我再问你：要是数学家们只是在花瓶或水盆的形状上费心机，我们叫他们作陶土匠不是更好吗？

希：当然。

苏：这一来，西奥多罗斯岂不是成了最好的陶土匠，一个做花瓶和水盆的大师了吗？他对于几何形状，是懂得再多不过的了。可是你认为，要是请他做一个最简单的水盆，他会不会呢？

希：我已经听到许许多多的人对西奥多罗斯的称颂，我也是为了这个缘故才打算去拜他为师，可是要说他懂造水盆，这对我可算是新闻了。

苏：再说，要是数学家们只在房子、柱子、雕像的形状上费心机，那么他们不是成了建筑师或者雕刻家了吗？

希：你说的不错。

苏：好了，希波克拉底，看来的确不是这样。数学家所研究的，并不是真实物体的形状，而是形状本身。至于具有形状的物体他们却不很加以理睬。换句话说，数学家研究的形状，不是那种我们看得见、摸得着的形状，而是那些只存在于他们思想中的形状，那种通常意义下不存在的形状，你说呢？

希：不错，我提不出任何异议。

苏：这样，我们就断定了，数学家研究的东西，是仅仅存在于他们的思想中的。现在我们再来看一看泰特托斯的主张：据他说，数学是比任何其他学问更可靠、更掺不得一点假的。告诉我，亲爱的朋友，泰特托斯也举了例证吗？还是他只是提过便罢了？

希：他举了例的，甚至是些精彩的例子。

苏：那你能告诉我几个例子吗？好让我也学一点。

希：我试试吧。要是我记不完全或者说不清楚，那么不要指责泰特托斯，指责我吧。

苏：别担心，快说罢！

希：他举例说，要想完全准确地给出雅典到斯巴达之间的距离是不可能的，所有走过这趟路的人都能同意，需要的天数是几天，可都不能同意，需要的步子是几步。我们量得再准确，也不可能做得到完全准确，要是我们量两次，那么两次量得的长度之间，一定会有差别的。与此相反，应用毕达哥拉斯定理（勾股定理）我们却能准确地给出正方形对角线的长度。只要懂得这条定理的人，就一定会同意，没有一个人会有异议。

苏：泰特托斯肯定说得对，从你的话的说服力来看，你也肯定转述得对，你还能再举个例子吗？

希：能。他说，没有人能够绝对精确地说出，有多少人生活在希腊。因为要是有人尝试去统计，那么一面数，一面就会有孩子出生啦，老人死去啦，或者，也有可能会有船开进或开出。总而言之，对这样的问题人们只能大概地回答。但是你要是问一个数学家一个十二面体有几条棱，他就能给你一个不容置疑的答案。因为十二面体是由十二个五边形围成的，它们的每一个都有五条边。而每一条这样的边同时属于十二面体的两个面。因此十二面体有三十条棱。

苏：他还举了别的例子吗？

希：他举的例子还多着呢，可是我却记不得每一个了。比如他还说，现实中绝不会存在两个完全同样的东西。比方说波塞冬神庙的柱子，它们非常像，可是却不是完全一样。也不可能有两个鸡蛋会完全一样。但是一个矩形的两条对角线却是完完全全一样地长，一点儿差别都不可能有。同样，等腰三角形的两个底角也是完全相等的。他还说，正如赫拉克利特早就说过的，所有存在的事物都会变，而确切的知识只能从不变的事物上获得，比如双数和单数、圆和直线等。

苏：这些例子该够了。泰特托斯现在也说服了我，与别的科学以及日常生活对比，从数学中我们可以得到完全确定的知识。但是现在我们应该来做个总结并且考察一下，我们到底已经走了多远。看起来是这样，数学和不存在的事物打交道，但是它却赢得不容置疑的真理。可以把这一点作为我们彻底探讨的结论吗，还是你觉得它作为我们谈话的总结有点古怪？

希：一点也不，正相反，它中肯极了。

苏：你可听真了，希波克拉底！你对此不觉得奇怪吗，我们从不存在的事物身上，比从存在的事物身上可以得到更可靠也更准确的知识？

希：这确实很奇怪。我也弄不明白，这怎么可能，虽然我看不出我们的思想过程有什么错误，可一定有什么地方不对头，但是我说不出来是什么地方。

苏：而且我们在谈话中还是步步为营，反复斟酌的呢！错误不可能出在这儿。现在我倒恰好有个主意，它说不定能帮我们解开这个谜。

希：那就快说吧，不确定把我折磨得多难受啊！

苏：今天早上我到过第二任执政官的大殿里。人们正在审判皮托斯村的一个木匠的妻子。她被控不贞，并且伙同她的情人杀死了她的丈夫。这女人坚决否认，并在阿尔忒弥斯和阿佛洛狄忒前起誓，说她除了她的丈夫外从没有爱过第二个男人，杀死他的事肯定是强盗们干的。许多证人都做了证。一些人说，这女人是有罪的，另一些人却发誓她的无罪。事情到底是怎样的，却没有人能闹清楚。

希：你在开我的玩笑吗，苏格拉底？你不但不帮助我寻找真理，反而讲故事讲个没完！

苏：耐心点儿，亲爱的希波克拉底！我对你讲这个女人的故事，自然有我的道理，没有人能断定这女人有没有罪，可是她有一件事却是我们确知的：她存在着。

因为我用我的眼睛看到了她。不仅是我，所有在场的人都看到了她。我可以给你举出几个有名望的人来，他们是人们信得过的。他们从没有说过谎，即使在梦里。

希：这是不必要的，苏格拉底，你做证人就已经足够了。但是我求你好歹直说了吧，那个女人和我们所要探讨的问题到底有什么关系呀？

苏：关系可大着呢。你知道阿伽门农和克吕泰涅斯特拉的故事吧？

希：这故事还会有人不知道吗！我还看过埃斯库罗斯编的剧本呢。

苏：它说些什么呀？

希：当迈锡尼王阿伽门农十年转战于特洛伊城外的原野之际，他的妻子克吕泰涅斯特拉和她丈夫的堂弟埃吉斯托斯发生了暧昧的关系。当阿伽门农征服了特洛伊班师后，克吕泰涅斯特拉与她的情人合作谋杀了他。

苏：那么，告诉我，希波克拉底，埃斯库罗又是怎么知道，克吕泰涅斯特拉欺骗了并谋杀了她的丈夫呢？

希：我真不懂，每个希腊人都知道的事，有什么好问的。反正荷马也写过这个故事。当奥德修斯下阴界时，他遇到了阿伽门农的鬼魂，后者亲口向他叙述了这一段哀史。

苏：现在你再说说，希波克拉底，你肯定阿伽门农和克吕泰涅斯特拉真有其人吗？荷马史诗关于它的叙述真是事实吗？

希：人们也许会投石子惩罚我，但是要是让我说心里的话，那么，事隔多少世纪了，谁能肯定那些人真正活过呢？就算真有其人，谁又能知道书上说的是否是他们的真正遭遇呢？可是，这其实一点也不要紧呢，当我们说起阿伽门农和克吕泰涅斯特拉时，我们从来也不把他们想成是有血有肉的人，是历史上真正活过的人，而是当成埃斯库罗斯剧里的人物，就像他把他们从荷马那儿照搬过来的那样。

苏：那么我们该不该说，要是阿伽门农和克吕泰涅斯特拉真正活过，我们也对他们毫无所知呢？我们能确知的只是，埃斯库罗斯在他的剧本里把他们说成怎样，我们确知，埃斯库罗斯所说的那个克吕泰涅斯特拉把还是埃斯库罗斯所说的阿伽门农欺骗了、谋杀了。因为戏里是这样的呀！

希：这说得挺好。可是我还是不知道，你想引出的结论是什么？

苏：简单之至。悲剧里的人物是现实里不存在的，对不对？

希：对。

苏：现在允许我再总结一次吧。我们可以毫不怀疑地肯定，悲剧中的克吕泰涅斯特拉，一个诗人笔下创造的而现实世界里未必有过的人物，把悲剧中的阿伽门农欺骗杀害了，而对于今天早上受审的、有血有肉的那个女人，我们却不知道她究竟欺骗杀害了她的丈夫没有，对吗？

希：我能意会到一点儿你想引出的结论了，但是我情愿还是由你自己和盘托出吧！

苏：我相信，希波克拉底，在这儿，事情和数学一样，我们能够，对于历史上没有而仅仅存在于思想中的人，比如一出戏里的人，做出比对于活着的人、现实中存在的人更为确定的陈述。因为，当我们肯定克吕泰涅斯特拉是有罪的时，我们只需肯定，诗人创造并描绘的那个克吕泰涅斯特拉是有罪的。因为戏里一点不假是这么说的。别的我们什么也用不着做。这不是和数学家谈论的矩形那个例子很像吗？我们能够确定地说，矩形的两条对角线相等，因为这从矩形的概念中就能绝对清楚地得到，这概念完全是由数学家定义出来的。

希：你显然要说，苏格拉底，我们得到了这个结论：数学家们从他们所研究的对象，即现实中不存在而仅仅在他们的思想中存在的事物上所能得到的知识，比之自然（科）学家从现实中存在着的事物所能得到的，远远更为确定。不管乍听之下有多么奇怪，这个结论却是对的。要是人们多想一想，就不觉得那么奇怪了。它之所以如此，正是由于，数学的对象不是真实的，而是数学家怎么想它们，它们就怎么存在着：它们存在着，恰恰是为了我们可以把关于它们的整个真理找出来。这道理就是，它们根本就是把它们想成的那样。但现实中存在的人和事物却不一样，它们不同于人们对于它们所描绘出的图像。

苏：你看，你自己把答案找到了。希波克拉底，你甚至表达得异常精彩。

希：我很感谢你，苏格拉底，你把我引导到这一认识。泰特托斯说得没有错，他说，我如果渴求准确的知识，那种不仅仅含有一些真理，而是压根儿就是真理本身的知识，我就必须去学数学。现在我也明白了，为什么数学是那么的无欺。但是，既然你已经在我身上费了那么多的耐心教诲，你就索性帮我帮到底吧，因为我所处的困境，仍然没有解除，我甚至觉得，我们还没有接触到最重要的问题呢？

苏：什么问题呢，亲爱的希波克拉底？

希：我来找你，是为了向你求教，我该不该去拜西奥多罗斯作老师，你帮我搞清楚了，数学研究些什么，为什么它能带给我们准确的认识。我理解到，是数学家自己创造了他要去进行研究的概念。正基于此，他能够对于仅仅存在于他思想中的东西，也就是那些人们把它们想成什么就是什么的东西得到完满的真理。如果我献身于数学研究，我就能得到确凿不移的认识。这一点我想得通，但我还想不通的是，这又有什么用呢？小孩子也知道，对于存在的东西去认识它们是件好事，要是人们对于石头、动物或植物学到什么知识，那是利人利己的。就是对于星星，若能得到可以置信的知识，也必然大有用处，因为夜里航海就得靠星象定向呢。但是研究不存在的东西而得到的知识用处何在呢？回答我吧，苏格拉底！

苏：亲爱的希波克拉底，我相信，你是完全知道它的答案的。你只是想试试我吧！

希：对赫拉克勒斯起誓，我保证，我一点答案的影子都看不到！

苏：那么，好吧，既然这样，还是我来问你来答。告诉我，希波克拉底，我们已经看到了，数学家研究的那些概念，是他自己创造的。这是不是说，数学家完全只凭自己的爱憎和喜怒发明概念呢？

希：我看没有什么问题。我们刚才还把数学和天文做了比较。我相信，数学家选择概念就同诗人选择剧中人物那样自由。诗人爱赋予他的人物什么个性就怎么写他们，数学家也一样发明他的那些概念，并且爱给它们什么性质，就给它们什么性质。

苏：要真是这样，希波克拉底，那不是有多少数学家就有多少种数学了吗？因为，如果每个数学家都随兴之所至去创造他的概念，那么，怎么所有的数学家都研究同样的东西呢？再巧也不可能有这样的事呀！怎么可能数学家们所研究的那些概念会如此一致呢？当他们谈论数时，大家所想的都是同样的东西。当他们讨论直线、圆、方形、球体、正多面体时，情形也都一样。

希：你看会不会是这个理由：人是用同一种方式思考的，从而只有同样的东西才会被共同认为是对的？

苏：亲爱的希波克拉底，在我们从各个角度审察之前，宁可不要满足于一种解释吧。这样的常见现象该怎样解释呢？素不相识的两个数学家，比方说吧，一个住在塔伦图姆，一个住在萨摩斯岛上，却可能发现同样的真理。与此相反，我却从来没听说过，两个不相识的诗人写出过同样的诗篇来。

希：我也从来没听说过。你的问题倒让我想起了泰特托斯说过的一件事。他发现了一个十分有趣的定理，要是我没有记错的话，那是关于不可通约的线段的。当他把这个发现告诉西奥多罗斯时，西奥多罗斯给他看阿契塔写来的一封信。阿契塔正好也发现了同样的事实。

苏：你看，朋友，这样的事在文学上可不会发生。我还可以举出一些别的理由。数学家对于真的事情，总是能够一致接受，这又是怎么来的呢？相反，就拿政治来说吧，例如什么是最好的政体（政府组织）这个问题，不要说是波斯人，就是斯巴达人也跟我们看法大不一样。其实即使在雅典人之间，看法也不尽相同。这又是怎么一回事呢？

希：这个问题可是再简单不过，苏格拉底，在政治的事儿上，人们不只是受求知欲的驱使，个人利益更容易使人们忙着互相倾轧。在数学上是不可能发生这样的事的。数学家只知道一个目标：寻求真理。

苏：你大概是想说，希波克拉底，所有数学家只致力于寻求那些真理，它们完全和搞的人无关，对于他们完全是身外之物，是吗？

希：是啊。

苏：那么，我们就可以说，虽然数学家们能够纯粹随心所欲地选择他们的概念，但却还是有所根据地选择了一些同样的概念来研究，并且致力于通过它们去寻得超然于他们本身利害之上的真理，只不过他们根据的是什么，我们还茫无所知，他们为什么要这么做，我们也莫测高深，是吗？

希：对啊。但是让我们想办法来揭开秘密的面纱吧！

苏：要是你还有耐心，我们就来想办法吧。告诉我，某一位航海家发现了一个新的岛屿，某一位画家调出了一种新的颜色，这两者间相似的程度如何？

希：我认为，两者都赐给了人类一个新的发现。

苏：那么区别在哪儿呢？

希：我们可以把那位航海家称为"发现者"，因为他发现了东西——就是那个岛，这东西虽然原来就有，但在他之前却没有人知道。那位画家则更适于被称为"发明者"，因为他发明了东西，一种新的颜色，它不仅从前没有人知道，而且根本就从未存在过。

苏：说得再准确不过了！可是现在再告诉我，一个数学家找到了一条新的数学真理，他是发现了它呢，还是发明了它？

希：这问题对我真有几分难，因为我还从未有过亲身的经验。不过，听了泰特托斯讲他自己和西奥多罗斯一起做研究的情形，我相信，还是把数学家叫作"发现者"更合适些，尽管他们在好些地方多么像那些发明者。正是由于这个缘故，数学才这么使我着迷。数学家在我看来就像是一个勇敢的水手。他遨游于未知的精神之海，为了探索：哪儿是它的岸，哪儿有岛屿，哪儿有深渊。

苏：说得好，希波克拉底！我也认为数学家像发现者更胜于像发明者。但是你好像意犹未尽似的。当你说，数学家也有像发明者的地方，你想到了什么呢？

希：我想到，我们在这之前所说的，就是说，数学家所研究的概念，是他自己创造的。当数学家思索一个新的概念时，他做得像是一个发明者做的工作。当他研究那些自创的或者别人创下的概念，忙着推敲有关它们的话——用数学家的话来说，就是定理——并且予以证明，这时候他做的工作又像是个发现者的工作了。照泰特托斯的说法看来，在数学家的工作中，定理的发现要比概念的发明更为重要，因为，即使最简单的概念，比如说数和可除性吧，就引出了多得不得了的深刻问题，直到今天，数学家能够解决的，才不过是其中小之又小的一部分而已。

26

苏：显然，亲爱的希波克拉底，你的朋友泰特托斯已经教给了你不少，而且我看还教得很出色呢。我觉得，在数学家同时作为一个发现者和一个发明者相似的程度这一点上，你认识得很好。要是我这么做个总结，你看怎样：一个数学家归根结底是个发现者。即便算是发明者，他也不用比每个发现者发明得更多。当一个航海者打算驶向从未有人到过的地区时，他必须做发明家，来把他的船造得比任何前人所造得更为坚固。我的意思是说，数学家做出来的新概念，就像是新式的船一样。有了这样的船，从事发现的航海家才能比他的前人更快也更安全地驶向波涛汹涌的海中的新领域。

希：亲爱的苏格拉底，整个雅典，不，整个希腊都不会有人能够比你更精通对话的艺术了。每一次，当你把我的话总结时，你总那么巧妙地把我想说但可能永远说不清楚的意思糅合进去。正是这些，使我们能够往前多跨一步。从你做的总结里可以清楚地看到，数学家的目标是探索思想海洋的奥秘。概念的创造只是一个工具，尽管数学家理论上能够随心所欲地定义新的概念，这个随心所欲只是表面的。一位打算出发探险的航海家也是这样，看起来他好像有这自由，爱把他的船造成怎样就造成怎样，但是他不会笨到，驾一艘第一个浪就能把它击成碎片的船出发。更真实的倒是他会造一艘在各方面都会尽可能好的船。做过这个比较，这个问题就清楚了。就是说为什么数学家们，至少是那些同时代而又能互相交往的数学家们，总是利用同样的概念了。航海家们彼此交换经验，采用同样的稳妥些的船型，也正是这个道理。我相信，数学到底是什么，我现在也能看得更清楚了。

苏：好极了，既然这样，那么再来试一试这个问题：什么是数学？

希：我试试。当然，结果肯定会是我掌握的总还只是真理的一部分。

苏：怕什么，说吧，像水手那样兴高采烈地开航吧！

希：好。我现在认为，刚才我们说数学是研究现实中不存在的事物的，这么说不对。这些事物确实存在着，只不过不像石头或树木那么存在着而已。我们看不到它们，摸不着它们，只能用思想去捉住它们。尽管它们存在得不像一般的物体，但它们存在。当我们对它们进行思考时，我们和所有搞数学的人所思考的是同样的东西。因此这些事物就具有了某种的存在，不依赖于我们，虽然我们每一个人只能从自己的思想中去勾画（它们的形象）。因此，存在着另一个世界，即数学的世界，这世界与我们生活于其中的日常世界有所不同。而数学家就像是勇敢的水手，他们在这世界里探索，不怕任何艰难险阻。

苏：亲爱的希波克拉底，你的豪壮几乎把我也感染得跃跃欲试了。但是我担心，你在兴奋之余，可能跳过几个问题了。

希：哪些个问题呀，苏格拉底？你已经为我花了那么多时间，你就再费点心成全我吧！告诉我，我忘了哪些问题？

苏：我希望，你不致怪我吹毛求疵。但我总觉得，你要的答案，我们还没有找着呢！当然，数学家究竟是什么，我们俩都比开始谈话之前懂了很多了。但是，总的说来，数学，这人类思想的海洋，它的意义和目的又是什么？这个问题我们还没有回答呢。

希：仔细想来，你说的没有错。当我弄清楚了，为什么学数学能够使人获得确实可靠的知识，我已经很满意了。要是我献身到这个神奇世界的钻研之中而又了然于心：这里面有真理，不容有一丝怀疑的真理，我将领受到多么巨大的、前所未有的欢愉！当我又更进一步理解到，数学的世界，虽然有异于花鸟虫鱼那样的世界，以它自己的方式一点也不假又一点也不依赖我地存在着，这就更加强了我心里的欢愉。但是，说真的，我们又为什么要去对这世界进行探索呢？你不认为，要是这一回你肯破例放弃你的宝贝产婆术而直截了当回答我这个问题，我们不是可以大为省事吗？我实在害怕，我没有本事自己去找出这么大的问题的答案。

苏：就算我有本事独力找得出答案，我也不会这样做，因为这样你就捞不着什么好处了。人真正理解的，只能是他自己找到的东西。要是人们硬把一个什么道理塞进某个人的耳朵，它就会从另外一个耳朵溜出来。这就像浇灌一株植物。植物没有水活不成，但浇在它叶子上的水，对它却没有什么大用，不久就流走了。只有它从根部吸进去的水，才有可能对它有用。

希：那好吧，照你的方法做吧，可是你至少得帮我启动呀，我现在像搁在地上的船！

苏：我看，希波克拉底，要是我们想再往前进，我们必须回头寻找我们谈话的主线。

希：我们得回头走多远呢？

苏：我相信，我们必须回到这一点上：我们说到过，数学家是不数羊、也不数船的，只研究数本身。他不管水桶或别的物体的形状，管的只是形状本身。现在，问题出来了，设想一个数学家一点也没有依赖任何具体的实物，仅仅从数本身的研究中得出了某些结果，那么这些结果是否果真一点都应用不到羊身上呢？举例说，数学家得出了一个结论，17 是个素数，那么，我们不是也就同时知道了，如果许多人分 17 头活羊，那么除非人数是 17，这时每人可分得一头羊，在任何其他的情形下，每个人要分到同样头数的羊是不可能的。

希：对。

苏：那么我们能不能说，数学家从数的研究上得到的结果，可以应用到现实存在的事物上？

希：能。

苏：让我们再看一看，在几何学里是否也有同样的情形。一个建筑师，当他绘制建筑图样时，是否也要用到数学家得出来的几何定律呢？当他画一个直角时，他不是用得着著名的毕达哥拉斯定理吗？

希：你说得对，是这样。

苏：一个测量师用不用得到几何学呢？

希：肯定用得到。

苏：造船的木匠师傅和盖房子的瓦匠师傅呢？

希：他们也用得到。

苏：那么，陶土匠造酒杯、水手估量船舱里能装多少谷子，也用得上数学吗？

希：用是用得上，但我总认为，这些做手工的人需要的数学，有埃及人写下的那点儿就够了。那些最新的发现，像泰特托斯那么着魔般地说给我听的那样，对手工工人肯定没有什么用，就算他们能弄懂。而且我相信他们之中也不会有人听得到这些新发现。

苏：你说得不算错，也不算对，希波克拉底，但是有可能这一天会到来，那时所有的发现都会被人类应用到实践中去，今天还是理论上可能的东西，有一天可能成了有血有肉的现实，对吗？

希：可是我更感兴趣的是目前啊。

苏：那么你学数学的决心还不够坚决，希波克拉底。因为要是你开始学数学了，这很可能意味着，你是为了未来而工作。

希：这话怎么说呢？

苏：你还记得数学家和那位出海探险的航海家的比喻吗？我再问你，当一个航海家发现了一个不为人知的岛，会有些什么后果呢？

希：当他回来之后，他就会告诉人家许多有关这岛的事，这岛在哪儿，人能不能在上面居住，那儿有没有淡水的水源，有些什么果子。于是，迟早会有更多的人受到冒险精神的驱使会越海而去，到这新发现的岛上去探索那儿的生存条件。可能头一批人会葬身海腹或者丧生于岛上的毒蛇猛兽之口，也可能这批先驱者沦为土著的奴隶。或者，也有可能这批移民起了内讧，因而引起了相互的杀戮。但是不管怎样，迟早，这个岛会住上人，旧日的荒岛会成为人烟稠密的城市。

苏：这是肯定的。我的朋友，我看得出，你的理解力不错。但是，现在想一想，这岛愈容易接近，它的港口愈好，就会愈快地住上人，对不对？

希：当然。

苏：那么要是一个岛比较荒远，船又不容易上岸，事情又会怎样呢？是否它永远不会住上人，即使人们能在那儿种谷子，种葡萄？

希：不，有一天那儿也会住上人，只不过要慢一些罢了。

苏：对了，那么为什么对于数学上的发现，事情会两样呢？

希：要是这么看，那当然不会有什么不同。

苏：但是，要是你同意，暂时把未来搁在一边吧。回答我下面这个问题，虽然数学的世界和我们生活于其中的世界不一样，人们却能利用数学的知识，这是为什么呢？数学不是只研究看不见、摸不着而仅仅在思想中才被人认识的东西吗，人怎么又能在日常生活中应用到它呢？你不觉着这件事挺稀罕吗？

希：不错，经你这样指出，我觉得这一点简直不可思议。

苏：我相信，只要我们在这一点上好好钻一钻，不仅可以在眼前这个问题上闹明白，就是你原先提出的问题也可以迎刃而解了。

希：亲爱的苏格拉底，现在别再搬出你那莫测高深的教诲吧，你要是想到什么新鲜的观点，就直接对我说了吧。

苏：慢慢来，我们就要说到了，可是你还得先回答我几个问题。设想有一个人，他到过很多很远的地方，见多识广，经验丰富，这个人，回到故乡之后，能够给那儿的居民提出许多聪明的劝告和建议，你会觉得奇怪吗？

希：一点也不，谁也不会认为奇怪。

苏：如果这故事发生的地方住的是另一个民族，他们说另一种语言，信别的神，你还是不觉得奇怪吗？

希：不觉得，因为不同的民族仍有许多共同点，即使他们的语言各不相同。

苏：那么再想一想，要是我们能够找出来，数学的世界和我们生活于其中的世界存在着共同之处，那么，说数学能够对日常生活有用处，你还会觉得奇怪吗？

希：要是我们真能找出，那我当然就不奇怪了。但是在数学的世界和我们所生活的世界之间，共同之处又在哪儿呢？

苏：到现在为止，我们确实只谈论了不同之处。但是，你看，你看得见小河对岸的那块岩石吗，就在河面开始变宽的那个地方？

希：我看得见。

苏：你看得见它在水面上的倒影吗？

希：当然看得见。

苏：现在告诉我，这两样事物不同在何处，相同在何处？

希：岩石本身是一个坚硬的，实心的物体。由于有阳光，它被晒得有点发烫了。要是我去摸它，我就能感觉出它的粗糙。它在水中的影子却是摸不着的，要是我伸手向我看到它的地方摸去，我只能摸到冰凉的水。影子其实是不存在的，它只是一个表象，此外什么也不是。

苏：你说了这么多，都是说的它们的不同，你倒说说它们相同的地方。

希：影子是岩石的一个映像。岩石上的突出和隆起之处，从影子上也能看得一清二楚。一些小地方没能映出来，但是岩石最重要的轮廓却被保留了。

苏：如果你只是仔细端详石影而不看岩石一眼，你能确定，比方说吧，该怎么攀登到这岩石上去吗？

希：完全能。哦，你是想说，数学的世界不外乎是我们所生活的世界的映像？

苏：不是我想说，是你自己得出的结论。

希：这可是怎么回事呢？

苏：仔细想想，数学中用到的概念是怎样产生的！我们前面说过，当数学家和数打交道时他想的既不是羊的数目，也不是船的数目，而是数本身，毫不依赖于任何真实的数！但是要是从来就没有数得清、看得见、摸得着的实有物体，他能够有这样的抽象能力吗？人们教孩子数数，也总是先从几颗石子、几根棍子教起。只有当孩子懂得怎样数石头、数木棍了，懂得两颗石子和三颗石子在一起是五颗石子了，下一步才能教给他，两个东西和三个东西总是组成五个东西。到了最后，才能教他二加三等于五。在几何形体方面，事情也是一样的。一个孩子，只有熟悉了皮球和别的圆的物体，才有可能认识球的概念，才能从他自己的经验中建立球的抽象概

37

念。不仅仅儿童的学习过程是这样，数学里的基本概念，没有一个不是这样慢慢地、逐步地建立起来的。直到今天，还有一些野蛮人，最多只能数到二或三，而且就是这个还得靠手指头才行。对于更大的数，他们根本不知道怎么叫、怎么形容。因此，数学的抽象概念是人类从现实世界开始一步一步创造出来的。也因此它们往往还带着初生时的印记，就像孩子肖似父母那样，这是完全自然的，一点也不值得奇怪。就像一个小孩子长大成人后可以做父母亲的助手一样，数学的每一个分支在它发展到一定程度之后也会成为帮助人们认识现实世界的有力工具。

希：但是，苏格拉底，我还想知道得更多一些。为什么关于非现实存在的、永恒不变的概念的真理，能够对认识永远在变化着的真理有用处呢？

苏：这个问题问得很好，希波克拉底。这肯定不是一个容易的问题，但我们不妨先打一个比方，也许这会对我们有所帮助。航海者或者旅行者都确知，怎样靠一张地图来认路，至少，如果是一张好地图的话。

希：这一点我甚至能从自己的经验中知道。

苏：你认为，这情形和数学与现实世界之间有没有十分相像的地方？

希：你帮我打开了眼睛，苏格拉底。再清楚不过了：研究数学不外乎是，在我们的思想的镜子里考察我们所生活的世界，把这镜中的像拿来做我们研究的对象，因此数学就像是张现实世界的地图似的。现在我什么都懂得了。

苏：我简直要羡慕你了，希波克拉底，因为我自己还是有个重要的问题没有想通呢，或许你能帮我一个忙吧？

希：要是我能够的话，我当然乐意之至。你帮助我解开了这么多的谜团，我正该有所答谢呢！但是我恐怕，这又是你给我开的玩笑。看来我们的讨论还没有功德圆满呢，否则你不会要求我的帮助，让我觉得难为情。还是对我直说吧，我又遗漏了什么吗？

苏：亲爱的希波克拉底，当一个人处理像这么复杂的问题时，他必然时时刻刻都会注意，一刻也不能让他的目标从眼皮底下溜走。你不是想知道，钻研数学的世界有没有意义，如果有，这意义又是什么吗？我觉得，我们在这问题上还没有得到完整的答案呢。

希：我刚才就在想，我已经找到了圆满的答案了。当我理解到，我能够在数学世界中找到我渴求的确定的知识之后，我的问题就还只剩下，这些知识除了满足我的求知欲，带给我欢乐之外，是否还对别的事物有用。后来我们又认识到了，它们确是对别的事能有用的。人们从数学世界中得来的认识，或者现在，或者在不久的将来能够对人类有用，因为数学的世界不外乎是现实世界在我们思想之镜中的反映，人们从世界的映像得出的真理，就可以有助于对于现实世界的认识。这对我已经完全够了。

苏：但是这个答案还不完整。我这么说，不是为了和你为难，而是我确知，你自己迟早也会发觉到的。到了那时你反而会责怪我说，亲爱的苏格拉底呀，你在问问题和从不同的角度去考察事物的艺术上，本事都比我要大得多，你为什么不及时指出我的错误，反而却让我误信自己已经懂得了什么是数学，而事实上我连最重要的问题的答案还没有找到！这就是为什么我要请求你，再耐心一点儿，再回答我几个问题。

希：那就问吧，苏格拉底，我尽我的能力回答。

苏：请告诉我，要是人根本就能看到某个物体本身，他干吗要去研究它的映像呢？

希：这一点我确实没有想到，你确实是个魔术大师，苏格拉底。只用几句话，你就把我们刚才辛辛苦苦建立起来的东西推倒了。你的问题看来只能有一个答案：要是能观察原件，研究它的映像是没有意义的。但是我却有个感觉，答案的问题似乎出在我们的例子举得不够好，说到数学本身，还是应该有一条出路把我们从困境中引出来才是。

苏：如果出路是存在的，那么，只要我们有耐心，就能找到它。我确实也跟你一个想法，这个比喻把我们带上了歧途，比喻就像一张弓，拉过头了，弦就会断。

希：让我们想办法把自己从映像的比喻中解放出来

吧，你能不能把问题的提法改一改，改得不需要任何比喻。我自己是心有余力不足。

苏：问问题还不简单？或许这是我唯一稍有心得的一门学问了。你怎么回答下面这个问题：在现实的事物之外再创造一般的概念，并且，在把它们从它们的原物体分离出来后，就专门只研究它们而不再管原来的实物，这有什么意义？是不是人们可以通过这条弯路得到一些关于现实事物的知识，而走直路却得不到？如果是这样，理由又在哪儿？研究从现实物体的研究中得出来的一般概念，比之直接研究真实的物体在什么意义下更为有利？

希：我相信，这个问题我能回答。因为这么做我们一下子就能得出许多知识，它们适用于各式各样的、彼此之间异同变化非常复杂的现实事物，而不用对这些事物一个一个地进行单独的研究。比如说，如果我们对于数得出了某个定律，那么，不管什么时候，不管我们要数的是什么东西，这个定律总是适用的。如果我们对于圆找到了某个性质，这性质就可以应用到任何圆形的物体上去。数学的概念一方面含有许多物体共有的那些东西，另一方面又排除了它们之间的不同之处。这是非常有利的，因为，处理一个问题时，如果能把某些居于次要地位的细节搁在一旁，事情就会更清楚，也更简单了。或许我们可以回到我们的地图例子上去。人们能借助它认路，正因为它只包含最重要的东西，比如说我们一眼

41

就可以从图上估定很大的距离，而实地去量却可能要花几个月，甚至几年的时间。也正因为这个理由，当人们想找出最好的旅程时，一定会求助于地图。当然，目的不同，所用地图的种类也随之而异。如果一个人出门远游，开始他需要的是一张能纵观旅途全程的地图。在他的旅行过程中，他需要的是各个地区的详细地图。当人们利用数学来认识现实世界时，情形该也是这样的。

苏：对极了，亲爱的希波克拉底，你讲得确实是十分精彩。我不相信，我能讲得有你这么好。但是再做一个比方肯定有益无害。事情是不是也像一个人从山顶俯视一个城市，他可以得到这个城市的全貌，而若他在迷宫似的大街小巷里乱钻乱跑，就不可能得到！

希：你说得对，苏格拉底。我还想再加上一个比方。一个从山丘的顶上观察敌军推进的统帅比一个最前列的士兵更了然战斗的进行，后者只能看到他面前的敌人。

苏：你真的赶过我了，希波克拉底，但我还不服输。我想起一件事。最近我拜访了阿里斯托芬，阿格拉奥芬的儿子。当我端详他的一幅画时，他对我说：别太走近那画，苏格拉底，那样你看到的就不是整幅的画，而是一块块的颜料了。

希：说得对。当你刚才认为，在我们弄清楚数学能给予现实世界哪些知识，哪些知识又是非通过数学就不能得到之前，我们的谈话就还不该结束，你也是完全正确的。可是现在我们总该结束了吧，太阳已经下山了，我承认，我也有些饥肠辘辘了。但是要是你的耐心还没有使完的话，在回城的路上我还想再问你几个问题呢。

苏：行，回城去吧。你还想问什么，就问吧。

希：你看，苏格拉底，我们的谈话彻底说服了我，我干什么都不如去学数学。你教我明白了什么是数学，为这我衷心感谢你。但是有一点我还不明白，你是那么出色地说服了我，学数学对我是件好事，你教我去理解数学的本质，比泰特托斯教我教得更好。而他不仅仅是西奥多罗斯的最好的学生，有朝一日，他还大有可能青出于蓝，比他的老师更加出色，那么，为什么你自己不去研究数学呢？至少我还没听说过你搞数学。我要是仔细想这事，就会认为，你能这样对我讲解数学的本质，岂不是比任何人都更能把数学推向前方吗？我们的谈话使我下决心学数学，但是我同时要说，我深信：要是你肯为数学花点力气的话，你就是我最好的先生。

苏：希波克拉底，在这一点上我不会被说服。数学不是我的本行。西奥多罗斯对数学懂得比我多得多，你怎么找也不会找到比他更好的数学老师。既然你问我为什么不搞数学，我就来尝试给你一个答案。我从来不隐藏，我对数学是多么高度地评价，而且到今天我还是这样。我相信，我们希腊人在哪一方面都没有像在数学上做出的贡献多。而且我们所做的还只不过是个开头而已，要是我们不在那么多无聊的战争中自相残杀，作为"发现者"同时又作为"发明者"，我们在数学上的成

43

就早就比现在要大得多了。你问我，为什么我不像有些人那样，把全部的才华献给数学，但要是仔细一点想，我做的事跟他们做的其实没有两样，只不过方式有点不同罢了。一个内在的声音——你就随便把它叫作我的良心吧——一个我总是听从其召唤的声音，当我还年轻时，曾经问了自己这么一个问题：数学家们是怎样得出那些奇妙的结果来的？我当时这么回答：这是因为，他们对自己思想的纯粹性提出人类所能提的最高的要求；是因为，他们唯真理是求，绝不容有一丝一毫的妥协。除此之外，还因为他们坚定不移地信守着下列原则：只有在清晰的、不容许任何暧昧和矛盾的概念中思考，才能得到真正的成果。这声音回答我说，苏格拉底，难道你相信，数学家用来研究数和形象因而受益良多的这个方法，只能在这个领域里才用得上吗？为什么不尝试去说服人们，也在他们的思想方法上像数学家搞数学那样地提出同样的要求呢？不管他们思想的对象是什么，是来自日常生活中的也好，甚于来自政治中的也好。从此，这就成了我的目标了。我努力尝试，让世人知道——你一定还记得，我们和普罗塔哥拉的谈话也是为了这件事——自以为知的人，他的无知程度，他的论据的不确实程度，而这一切都由于他们总是从一些概念出发，而这些概念在数学的标准衡量下，是全然含混不清的。于是我从世人所得的，当然只是他们的深恶痛绝。对于那些，差到满足于烟雾般的概念和舒舒服服的思想方式的人——可惜这样的人为数极多——我简直成了他们的眼中钉、肉中刺。人们不要这样的一个人，他老指出他们的错误，他们不愿或不能改正的错误。有一天，他们肯定会起来把我干掉。但是这一天到来之前，我将继续我已经开始了的工作。而你，现在就去找西奥多罗斯去吧！

关于数学的应用的对话

阿——阿基米德（古希腊哲学家、科学家）

希——希伦（古希腊城邦叙拉古国王）

阿：陛下！这么晚了，想不到您会命驾来访。是什么风吹来了希伦王陛下，使茅舍生辉呀？

希：我亲爱的朋友阿基米德，今天晚上，我在宫里大宴群臣，庆祝我们蕞尔之邦叙拉古战胜了霸主罗马。您在被邀之列，但是您的座位却一直空着。是什么挡住了大驾呢？不是吗，除了您，我们还能把战胜之功归给谁呢？您监制的巨大铜镜使二十艘罗马巨舰中的十艘着了火。它们尾巴冒着烟，狼狈西逃，但它们还没来得及逃出我们的港口，就一股脑儿全沉下去了。嗨呀，我要是不找着您，为了您解救全城之厄再次亲口向您道谢，我今晚怎么能睡得着啊！

阿：别忘了，他们可能再度来犯，而且我们在陆上的包围还没有解除。

希：先别提这个，眼下，我得选送您一样礼物，这是我所能献丑的东西里最美的了。

阿：啊！真是出于巨匠之手啊！

希：这盘子是纯金的，即使用您的著名的方法①来检验，也查不出有任何一点儿银子混在里面。

阿：要是我看得不错，浮雕图案刻的是全部奥德修斯航海记。中间是那些被蒙在鼓里的特洛伊人，他们正在把那巨大的木马拖进城堡。我常在想，他们是否已经

① 指阿基米德浮力定律。

49

应用了滑轮。木马当然是装着轮子的，但通往城堡的路还是太陡了。

希：尊贵的朋友，您难道一分钟不提起您那些宝贝滑轮也不成吗？您那三滑轮组可真神，当您用它把我送给托勒密王的那艘装得满满的船从平台上送下海时，我简直看呆了。但是言归正传，还是再往下看盘子上的其他画面吧！

阿：我看到这是独眼巨人波吕斐摩斯，这些是丘克罗克弟兄们。还有女妖喀耳刻，她正在把奥德修斯的同伴们变成猪。这里是海中女怪们，被绑在船桅上的奥德修斯正在全神贯注地倾听她们唱歌，你要是仔细端详一下他那受折磨的面部表情，就会恍如亲耳听到了那袅袅的魔乐！这里是地狱中的奥德修斯，他正踩住阿喀琉斯的阴魂；那边是奥德修斯正把美丽的瑙西卡和她侍女们吓了一跳。这个景刻的则是奥德修斯乔装成一个老乞丐，挽弓向着那伙来勾引他妻子的求爱者——不折不扣的艺术珍品。陛下。容我拜谢您的慷慨，这真不愧是帝王的馈赠。

希：它确是我国库里首屈一指的宝物，但您得到它是当之无愧的。我选它作为您的礼品，不仅仅是为了它的精美和珍贵，我还有更深一层的理由。您今天为叙拉古创下的业绩，真正只有奥德修斯的木马奇计可以比拟。两者都是巧智战胜了蛮力的范例。

阿：您未免过奖了，我的殿下。但是请容我放肆地再提醒您一次：战争还没有完！您愿意听一听一个老朽之人的忠言吗？

希：作为国王，我大可命令您快快道来，但作为老朋友和亲戚，我只有耐着性子洗耳恭听的份儿了。

阿：现在是同罗马人讲和的时候了。在整个战争过程中，谈判的形势从来没有像现在这样对我们有利过。要是午夜以前马塞勒斯的使者还不见踪影，您就该派个人过去，趁天亮之前，就把和议定下，一天也别拖了。请马塞勒斯把包围叙拉古的军队全部撤走，愈快愈好，因为他也正用得着他们去对付汉尼拔[②]呢！要是明天和约能成，那么他在罗马报道舰队受到重创的噩耗时，就可以同时宣扬一番外交上的胜利。一旦今天这一仗的消息在罗马传了开来，罗马人可就要被复仇的冲动填满了胸膛，他们就非要把我们彻底打垮才会解恨息怒。什么"有耻必雪，有仇必报"呀，就会在罗马的市场上被喊个不停。这真是地地道道的野蛮人的逻辑，不是吗？就好像发生过的事情可以倒退回去似的！

希：一点不差！今天的胜利几千年后还会受到人们的传诵。就算我们迟早有一天要被打败，它也不会因而减色。您对于形势的分析也是丝毫不爽。马塞勒斯的使

---

② 当时迦太基的著名将领。迦太基是罗马的主要敌国。本篇所述，带有文学化的渲染，并不尽合历史。

者已经来过了，而且也提出了他对媾和和撤军的条件！但是，您要是知道他的条件是什么，您就不会忙着劝我讲和了。

阿：马塞勒斯要求什么？

希：首先他要十只全新的船，以替补今天沉掉的。此外我们得铲平所有的堡垒，只留下一座供罗马军队驻屯。再就是自然要赔偿一大笔金银；然后我们还必须对迦太基宣战（为他火中取栗）。末了他们还要我的儿子盖龙、女儿海伦娜和您，我的朋友，作为人质！作为交换条件，他许诺，只要我们履行一切条件，就对全城人民秋毫无犯。

阿：也许能还还价吧。可是我，他准是要定了。

希：可是您的语调就好似个没事人一般！我对奥林匹斯所有的神起誓，我，只要还活着，决不会把我的儿女或您交给敌人！金子和银子算不了什么，实在没办法的话，船也给。可是最令我不能接受的是，这一来，我们不是成了生杀由人了吗？有哪一点能保证他守约不渝呢？

阿：留神！可别对他流露丝毫的怀疑。罗马人最碰不得的就是他们的诚意，也许他能通融您把孩子们留下。

希：那您怎么办呢？您愿不愿意为全城人民而牺牲自己呢？

阿：您这是正式请求呢，还是只是随便问问？

希：当然只是问问罢了。您知道吗，我是怎么答复

54

马塞勒斯的？

阿：什么？你已经答复了？

希：我告诉他，我接受他的全部条件，只有一样例外：您得留下。交出我的孩子我可以同意，只要马塞勒斯也送两个孩子到我这儿作人质。关于您，我是这么说的，您年事已高，实在难耐军旅生活中的舟车之劳了。其实我心里明白，他要您去根本不光是为了把您作为人质，他要的是您为他详细地写下所有您的有军事价值的发明。

阿：岂有此理！这事我决不干！

希：为什么不干？要是我们有了和平，不是就用不着您那些发明了吗？我倒要听您说说，您不愿把那些东西写下来，究竟有什么大道理？

阿：要是您还有听我唠叨的闲情雅致，我乐于摆摆我的道理。

希：我反正得等马塞勒斯的回音，根本就睡不着觉。因此，我正好有的是时间听您高谈阔论呢。

阿：那时间可长了。因为马塞勒斯将需要很多的时间来推敲答复的措辞。可是一旦答复来了，将会像鞭子抽在身上一般痛呢！

希：您认为，他会使谈判破裂吗？

阿：当然，您刺伤了他的自尊心，因此他决不会饶恕您，这样和议当然就谈不成了。

希：您可能有道理。

阿：我一向颇推重您的外交手腕，以及您那洞察敌人意向的心理学上的特长，可惜这回您却弃而不用。

希：我不得不承认这点。看来我是操之过急了，因为我醉了，与其说是酒灌醉了我，还不如说是胜利使然。不过事已至此，要挽回已来不及了。不管这些，我仍然有兴趣听一听您的道理，究竟为什么您不肯把您的发明记录下来传之后世。

阿：现在，问题已经成了纯粹学术性的了。虽然如此，我还是乐于阐明我的立场。您曾把我的战争机器比作特洛伊的木马。这个比拟是相当贴切的，可是却不在您所认为的那方面。奥德修斯利用木马，为的是把自己和几个同伴们偷运进特洛伊城堡中去。我利用战争机器，也是为了要偷运某些东西，那就是，把一个思想偷运到希腊的公众舆论中去。这个思想是：数学——不仅是它的基础部分，也包括了更艰深更高等的部分——能够应用到实践中！我承认我这么做是几经犹豫的，因为我痛恨战争，痛恨流血。可是战争不期而至，而那些战争机器倒成了我唯一能让人听话的东西。在这之前，我也试过各式各样的途径，但都没有效果。还记得那水泵的事吗？就是我几年前发明来从坑洼里抽水，以免人们站在齐腰的水里干活的玩意。但是您对它毫无兴趣。工头对我说，他才不介意工人的腿会不会湿呢，它们又不是盐做的。
还记得吗，又有一次，我向您献议，利用水泵来灌溉农田。
人们告诉我：奴隶更省钱。还有，当我向托勒密王提议，
借助蒸汽来推动他的磨坊风车时，您知道他对我怎么说
吗？他说，他的父亲和祖父时就在用的风车，不是好好
儿的吗？要我再举些例子吗？至少有一打以上这样的例
子！我苦心经营，想做给世人看：数学可以用在和平的
目的上，结果是饱受奚落。可是，战争爆发了，我的那
些杠杆呀、齿轮呀、滑轮呀，您可一股脑儿全想起来了！
在和平时代每个人都把我的发明当成是些小玩意儿，大
人们是懒得去碰一碰的，哲学家就更不屑一顾了。即使
您，您一向是支持我并帮助我实现我的构思的，却也不
把我的那些发明当作什么大事看待。您不过把我的那些
机器拿来表演给客人看，逗逗乐儿，如斯而已。战争来
了，罗马人的舰队封锁了港口，我只不过信口提了一下，
要是用发射机，把大石头打到罗马人的船上，他们就非
退走不可。这一下您可抓住这条建议紧紧不放了。我说
了的话收不回，只好勉为其难把机器造了出来，结果大
获成功，连我自己也没料到有这么灵！既然开了头，要
收就不成了。我打开头起，就怀着忧喜参半的心情注视
着事情的发展。喜的是：我的发明不再受到怀疑，我终
于有机会向世人展示，数学有多么大的能耐。忧的是：
我恰恰不愿意在这个领域来证明数学的用途。我亲眼看
到人们被我的机器杀死，痛感自己罪孽深重。悔恨之余，

我在雅典娜女神面前立下了重誓：今生今世，决不把我的机器的秘密泄露出去，口述也好，笔述也好。当我设想：阿基米德借数学之力把罗马人从叙拉古击退的消息将广为流传在说希腊语的世界里，而且千百年后，当战争的遗迹已不可寻，当我的战争机器的秘密早已随我在穴中长眠，人们还会一样作为美谈传诵，我心里就稍稍可以自解了。

希：一点不错，亲爱的阿基米德。您的战争机器早已名扬四海，许多和我国友好的国王纷纷来信向我打听您的发明。

阿：您怎样回答他们的呢？

希：我一概回复说：战争未结束之前，这些发明都是国家机密。

阿：对那些施工制造我的设计的人们，我迄今也能保住我的秘密。每个参与工作的人都只知道极小的个别部分。我很高兴，您至今也没有对我穷问不舍，逼我太甚。就是在您面前，我也是碍难奉告的。

希：到现在为止，我确实没有追问究竟。但现在我却很想知道几件事情。您不用害怕，我并不想劫取您的秘密，只不过想知道有关您的发明的几点基本原理罢了。

阿：只要不逼得我破誓，我是乐于回答的。

希：首先还得问一个附带的问题，为什么传播数学的用处这个想法对您有这么大的重要性呢？

阿：可能这正是我的愚蠢之处。但起初我总希望，能改变一下历史的道路。我曾经十分为我们希腊世界的命运担忧。我曾相信，如果我们能把数学——基本上是希腊的一项发明，而且依我愚见，许之为希腊精神文明中最重要的一项成就也不为过——在广泛的范围中加以应用，我们甚至有可能拯救我们希腊的生活方式。可是现在，我认为一切都太迟了。罗马人不但将征服我们叙拉古，也将征服所有其他的希腊城邦。我们的世纪完了。

希：我相信，即使如此，我们的希腊文化还是不会泯灭的，因为罗马人会把它接收过去。您看，他们无时无刻不在努力模仿我们：他们照抄我们的雕像，翻译我们的文学。而且就在眼前的一件事是，马塞勒斯不是正对数学的应用大感兴趣吗？

阿：罗马人永远不会真懂数学，因为他们所追求的，太过局限在实用方面了。对于抽象的理论，他们一点儿也不开窍。

希：这样不是就更能把兴趣放在数学的应用上了吗？

阿：抽象的数学是没法与它的实际应用分开的。谁要是拒绝抽象的数学，就等于自绝通向应用之路；谁要想成功地应用数学，就必须有一点儿幻想，有一点儿会做梦。

希：您这不是自相矛盾吗？到现在为止，我一向以为，要应用数学，最主要的是要有崇尚实际的精神。

阿：把思想化为实际，这种精神当然也要，但务实之心却弥补不了思想的匮乏——就像做肉汤非得有肉才行。

希：现在回到本题：您成功的秘密是什么？什么是您新发明的这个新的科学——我们姑且叫它应用数学吧——的奥秘？它和原来的、学校里教的数学——我们不妨把它叫作纯数学——究竟有什么区别？

阿：真抱歉，陛下，我的答复恐怕要使您失望了。您说的两者实在是一而二、二而一的，根本就不存在两种不同的数学，数学只有一种，就是您所熟知的，在少年时代花过不少力气学过的那种——并且学得蛮不错，据我所知。但这门科学却是可以应用的。像您所认为的那种应用数学，一种可以从本来的数学分离出来的独立的科学，是不存在的。我并没有什么独得之秘。它之所以被视为秘密，正因为它没有什么多了不得的地方，它就像埋在街头尘土里一枚金币，谁只要肯去挖，就能得到它，而那些以为只有在什么宝地仙境才能找到它的人却注定只能空手而返。

希：这么说，您那些奇妙的战争机器都是以日常的数学，那种受过教育的人都懂的数学做依据的了？

阿：您开始懂得我了。

希：举个浅近的例子吧！

阿：就拿今天为我们立了大功的巨镜做例子吧。我除了利用了抛物线的一条熟知的性质以外，什么也没做。这个性质是：联结抛物线上任意一点 P 和它的焦点 F 的直线，又过 P 点作抛物线轴的平行线，则这两条直线和抛物线在 P 点处的切线所形成的夹角是相等的。换言之，一个抛物线镜面把平行照射到它上面的阳光这么反射过去，使它们全都经过同一个点，即焦点。这样，一个位于这一点上的物体就会由于阳光的热而着火燃烧。这条定理您不难在我杰出的亚历山大的同行们写的书里找到。

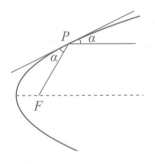

希：简直不可思议。您只不过利用了这么一条稀松平常的几何定理就摧毁了马塞勒斯不可一世的舰队的一半。从几何书里，至少还能找到上百条类似的定理呢。附带地说，这条定理在我记忆里已经有点模糊了，它的证明我则早就忘得一干二净了。

阿：我猜您在学这条定理时，一定也是弄懂了它的证明的，甚而还可能为它的美和魅力而倾倒。只不过您没有穷追不舍地再往下钻而已。也有些数学家往下钻了，而且也从这条定理推出一些几何上的结论，或者找到了一些新的证明。但这样，他们也就心满意足，停步不前了。我只不过从这儿向前又跨出了小小的一步罢了，还要再想一想，它在数学以外能有什么用途呢？

希：我相信，您发现的几乎是新的光学定律。

阿：光学不外乎是几何学的一章，或者，更确切些，几何学在光线研究方面的应用。此外，我也只应用到了光学中的反射定律，这也是早就为人熟知的。

希：您的意思是，对数学的应用来说，我们并不需要新的知识，而是只需在特定的实际情况下，找出数学中与之对应的东西，也就是一个已知的定理，就行了。

阿：不，陛下，事情也不是这么简单。往往是，我们所需要的那个定理，还没有为人所知，这时，你就得自己动手去发现它并证明它。即便不是这样，对于某个特定的实际情况找出它在数学上的对应物——这是您的叫法，我倒更喜欢把它叫作数学模型——也大不易。这和把不同的手套配成一双一双可大不一样。首先，对于同一个实际情况，往往有好些数学模型可供选择，你得从这些里面把最合适的那个挑出来。它应该尽可能地吻合实际情况（十全十美是永远达不到的），而同时又不应该过于复杂，使得数学的处理能够行得通。贴切与简单自然是彼此矛盾的，权衡利害，斟酌损益，这不是件容易的事。我们必须从实际情况的各个方面去尝试寻找目标，即合适的数学模型，同时又要能够排开一切对此目标是次要的东西。一个数学模型不必在一切方面都和实际近似，这其实也是做不到的。只要这个模型在每一个对有待解决的问题具有重要性的方面和实际是相近似的，这就够用了。另一方面，也曾一再发生的是，同一个数学模型又可以被应用到完全不同的实际情况中。例如我在制作发射机的时候也应用到了抛物线性质。因为一个抛射出去的石头飞行的轨迹是一条近似的抛物线。又如我在计算一艘船在载重后下沉的深度时，我应用的还是抛物线的性质。船的纵剖面当然并不是一条准确的抛物线（一个跟船的样子一样的模型却在数学上太过复杂，因而是没有用的），但算出来的结果还是十分接近实际。特别是，我还顺便求得了，应该怎样设计一条船，使得它在受到风浪袭击时总能保持平衡。原来，只需使船的重心尽量地低就行了。在许多的情形，对于研究复杂的实际情况，即使是个粗糙的数学模型，只要它至少能提供正确的定性的结果，就已经十分管用了，这常常比定量的结果更为重要。我的经验告诉我，合适的数学模型的寻找，即使是个十分粗糙的，也往往能给正在探讨的实况带来深一层的理解，因为我们在这个过程中被迫要把一切的可能性从头至尾按照逻辑一一加以考虑，把一切有用的概念清楚地不容误解地加以定义，而把一切能起作用的因素加以分析并找出来哪些是决定性的。如果我们选定了的数学模型带给我们的结果与事实有出入，那就说明，在我们建立这模型时，肯定丢掉了某个重要的因素。于是我们必须重新考虑此前未曾估计到的重要因素，对该模型进行修正。这样看，一个不适用的模型也照样是有用的，因为它有助于我们更深入地了解探讨中的实况。

希：我感到，在应用数学上是如此，在打仗方面又何尝不然。在这儿，有时也是败仗比胜仗更有价值，因为它有助于我们认识要怎样改变战略或武器配备。

阿：我看得出，您已经掌握了事情的本质。

希：再多介绍介绍您的巨镜罢！

阿：它的基本原理我已经讲过了。当我确定了，我们可以利用抛物线的上述性质之后，当然还有一系列实际问题有待解决。首先是怎样把一个凹镜面磨成旋转抛物面的形状，但对此我宁愿缄口不言。当然，还必须找到合适的金属，这点也恕我无可奉告。

希：得了，我也无意赚取您的秘密。但从您说的看来，显然除了上述的抛物线性质以外，关于金属的性质以及它的加工技术方面的深入知识，也是必要的。这岂不是证明了，要应用数学，光有数学本身的知识还是不够的了？一个想要应用数学的人是不是有点像同时想骑两匹马的人？

阿：他的处境毋宁说更像把两匹马套在他的车前。这其实不是多么不得了的难事。当然，他对马和车都得懂行，但是您的每个车夫不是都办得到吗？

希：这一下我可更糊涂了。每当我觉得应用数学难以理解时，您一个劲儿地向我证明，它其实简单之至。但是当我刚开始认为，一切都易如反掌时，您又告诉我，这可比我想的难得多了。

阿：在原理上是简单的，但在个别细节上，却可能错综复杂。

希：我还不十分清楚，您所说的数学模型究竟应该怎样理解？

阿：您还记得那套仪器吗？就是我几年前造出来模拟太阳、月亮和五大行星运行的那东西。用它我们就可以解释，日食和月食是怎样引起的。

希：这还用问！它至今还在我宫里摆着，一有客人来，我就表演给他们看。他们一个个都惊奇得瞠目结舌。这就是宇宙的一个数学模型了罢！

阿：不，叫它物理模型更恰当些。数学模型是看不见的，它只存在于我们的思想中，只能用式子来表达。宇宙的一个数学模型正好就是现实的宇宙和我的物理模型所共有的东西。在物理模型中，一个小球代表一个行星，它们中最小的也得有一个苹果那么大。在数学模型中，行星由点来代表。点是不占有空间的。

希：我愈来愈不懂您的数学模型了。回到我们的马的比喻上：把马套上车并驾驭它，和养马来比，是两件

65

截然不同的事。数学是不是也是这样？应用数学和进一步发展数学本身，即寻找新的定理并证明它们，是两件截然不同的事。

阿：就马来说，您的说法大体是对的。一个养马的人往往比别人更懂马，因而也往往更精于驾驭和骑术。就数学来说，关系应该是像我说过的那样：谁要想应用得好，就必须彻底认识它。谁要是想在应用时不仅仅照抄别人的老套而想独辟蹊径，探索新的应用可能，那就必须是个有创造性的数学家才行。反过来，致力于应用又大大有裨益于纯粹的数学。

希：后者是怎样进行的呢？能给我举个例子吗？

阿：您大概还记得，我不久前曾为了测定物体重心的问题，对力学大感兴趣。我借助于力学方法所得到的结果，不仅帮助我达到了原始的目的——我那时正在探索船舶的最优形状——而且还把我引向了许多新的几何定理。我找到了一种前无古人的方法，就是借助力学上关于重心问题的分析，来研究几何学上的问题。我用这方法找到了许多新的定理。这一方法自然只可用于阐明诠解而不能提供严格的证明。后来我又用传统的纯几何方法把这些定理全部证过。但是，如果事先利用力学上的对比获得某些启发，从而对于想要证明的东西已经心中有数，然后再去找定理的精确证明，就要比盲目瞎碰容易得多了。

66

希：至少讲一个您用这个妙法发现的定理让我见识见识吧。

阿：<u>抛物线被一垂直于轴的直线所截后围成的面积，比之同底同顶点三角形的面积大三分之一</u>，我用力学方法发现了这一定理，后来又用几何的一般严格方法证明了它。

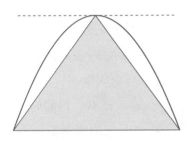

希：您既然已经用力学的对比发现了这条定理，为什么还必须用传统的方法再去证明它呢？

阿：当我创立了我的方法之后，我注意到，在第一批结果中也有几个是错的。在我分析了这几个例外之后，我又完善了我的方法，现在我已经能够永远都得出正确的结果了。但至今我还不能证明，用这个方法得出的结果，实际上一定是正确的。可能，我或者别人有一天能找到这个证明，但在没有找到之前，我就不能信赖我的方法，而必须对每一个结果加以检查，检查的办法则是，用通常的、其正确性已无争议的方法去证明。

希：这点我完全懂，我还不明白的是，对于应用，严格的证明到底有什么必要呢？何况您刚才也说过，数学模型只不过是现实世界的一个粗略似近而已。利用一个大体正确的公式，不是已经能得出与现实世界大体相符的结果了吗？您刚才也说了，完完全全符合反正是永远达不到的。

阿：您错了，陛下。正因为数学模型只是近似地，而永远不能准确地重现现实世界，我们就必须注意避免模型与现实之间的偏差因为草率的数学处理而格外扩大。我们在应用数学时必须像研究纯数学时一样，完全以严格的证明推导为准。还有，目前的一个流行的看法。认为在近似计算时取近似值就是对于数学严格性的偏离，这是完全错误的。近似法本身就有一套严密的理论，以近似为基础的命题，例如不等式，必须经过同样严格的证明，与关于等式的命题毫无二致。可能您还记得一个用近似法得出的结果，就是我几年前给出的圆面积公式。它的证明的严格性和欧几里得用以证明他的定理的严格性是一模一样的。

希：您用您的力学方法还得出了些什么别的结果呢？

阿：我用这一方法得出了以下的结果：一个圆柱体，若其底面积等于一个圆球的最大截面的面积，而其高等于这个圆球的直径，则无论就容积来说，还是就表面积来说，它都是圆球的一倍半。

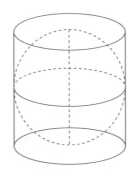

希：我听说，您有意让人把这条定理刻在您的墓碑上。这是不是意味着，您认为它是您最重要的发现？

阿：我的确很看重这个结果，但我相信，在这里，我所创立的方法——通过它我才获得了这个结果，远比一切借助于这个方法得出的具体结果更为重要。但是，如我已说过的，我对这个方法还不能完完全全满意，因为我还不能证明，它一定得出正确的结果。您还记得吗，我曾对您说过——当我们讨论杠杆时——给我一个支点，我就能撬起整个世界。世界上当然不存在这样的点。但是要是只讲数学，这个支点却是存在的。公理与逻辑建造了它。因此我说，准确的证明和严格的逻辑对于数学的应用也是不可或缺的。应用数学就是，以数学为支点来撬动整个世界！

希：您谈的是数学的应用，可是您所举的例子却全是几何学上的，谈到几何学的应用，我相信我已经大体弄清楚是怎么回事了。一台机器的工作方式显然是由它的各部件的形状和大小来决定的。由您的发射机射出的石块的飞行轨迹是一条曲线——如您所说，接近于抛物线。从这些例子我能看得出怎样去建立几何和现实世界之间的关系。可是数学上其他一些分支的情况又怎样呢？比如说数论，我真难以想象，这门学科也同样有实践上的价值。请别误解我的意思，我不是指的算术基本运算，那是在任何一项计算里都要用到的。我指的是像可除性啦、素数啦、最小公倍数啦等等这一类的概念。

阿：例如当我们利用齿轮，把不同齿数的齿轮互相啮合并转动它们时，就必须提出齿轮组什么时候回到原始位置的问题，而要回答这个问题，没有最小公倍数的概念根本就办不到。您对这个简单的例子感到满意吗？还是要我列举更多的例子？

希：这就够了。

阿：我还愿意再告诉您一些事情。不久前，我的朋友埃拉托斯特尼给我来了封信，他告诉我一种简单的，但是极端巧妙的方法，用它可以找出——用他的话说，是"筛出"——素数。在我对这方法捉摸了一阵子之后，我就想出了一个机器，它可以实现埃拉托斯特尼的"筛子"。这个机器将由一组装在同一个轴上的、齿数不同的齿轮组成，当我们借助曲柄把轴转动 n 周时，这里，

n 当然不宜太大，如果 n 是个素数，那么我们就可以一直透视前方的小孔；如果 n 是个合数，那么就必有一个齿轮的齿遮住这个小孔。于是，利用这个机器，我们就可以来判定一个数是否是素数了。

希：真是妙不可言！等仗打完了，您一定要给我把这个机器造出来。我的客人们肯定会惊叹不止的。

阿：要是我还活着的话，我会把这机器造出来的。这件事之所以令人感兴趣，是因为它说明了，机器是有办法解决数学问题的。而数学家们很可能因此而不再怀疑，从事于探讨数学和机器之间的关系，也可以大有裨益于纯数学的研究的。

希：刚才您谈到了益处，倒叫我想记了欧几里得的一则轶事。有一次，一个跟他学几何的学生问他："我们学这些东西，到底有什么益处呢？"欧几里得听了马上就叫他的一个小奴隶过来，吩咐他："给这个人一个金币，因为他想从他所学的东西中得益。"这个故事分明是说，作为一个数学家而绞尽脑汁想从他的学问里捞取什么利益，欧几里得是深不以为然的。

阿：我当然也知道这则轶事。可是您会想不到，我和欧几里得是有同一观点的。在类似的情况下，我也会说同样的话的。

希：您又把我搅糊涂了。您一直兴高采烈地大谈数学的实际应用，可是一下子又声称，赞同那些以认知的快乐为唯一的利益，也是一个搞数学的人唯一应追求的利益的纯粹主义者。

阿：我相信，您像大多数人一样误解了欧几里得的这则轶事了。它并不表示欧几里得对数学的应用不感兴趣，把从事于斯看作是有失读书人身份。这根本是胡说！您一定知道。欧几里得自己就写了一本关于天文学的书，并给它取名为"天象全书"，他也写了一本关于光学的书，据说他还是《光反射学》一书的著者，我在制作我的巨镜时就用上了他这本书。他对力学也做过不少研究。我对这则轶事是这样理解的：欧几里得是想强调这么一件不易为人理解的事实：只有对那些不仅仅为了利益，而是为了数学本身而研习数学的人，数学才会带给他真正的利益。数学就像您的女儿海伦娜，每当有人来求婚时她总难免有所怀疑，怀疑来者不是出于爱情，而是受到想当驸马的欲望所驱使。但是她愿意以身相许的终身伴侣，应该是一个为她自己的缘故，为了她的美丽、她的温柔、她的聪慧而爱她的人，而不是追逐权力与富贵，一心想当驸马的凡夫俗子。数学也是这样，只有那些为它的美所陶醉，为了纯粹的求知欲而孜孜不倦的人，才能有幸窥见它的奥秘，而那些每跨出一小步就念念不忘有什么利益可图的人，在数学的王国里是走不远的。我刚才对您谈过，罗马人在数学和它的应用上将一无所成，现在您可以看到道理何在了。他们眼光太过狭窄，太汲汲于近利了。

希：依我看，我们有些地方该向罗马人学，这样我们就可以多打些胜仗！

阿：我可不能同意，要是我们放弃了我们素来所怀有的理想，以敌为师，想由此制胜，那我们岂不是不战先败了吗？就算我们这么做了，也打胜了，那我们得到的是什么？这样的胜利比失败还不如！

希：不谈战争，回到数学上来吧！您是怎么构造您的数学模型的呢？

阿：要一般地回答这个问题可是不容易。或许打个比方能帮上忙：一个具体情况的数学模型，犹如投在理解屏幕上的影子。

希：在我看来，您的哲学恰恰和柏拉图的相反。后者说：现实世界的物体是理念的影子；而您，如果我理解得不错的话，却认为思想是现实物体的影子。

阿：这两种说法并不像它们乍看起来那样大相径庭。柏拉图潜心探索数学概念与现实世界之间的关系，他认为解释二者之间的值得注意的一致，是哲学的首要任务，到这一点为止，我是完全赞同他的。他对这个问题提出的解答，我虽然不能全部首肯，但是我必须承认，他是形式上提出这个重要问题并找到了逻辑上可能的答案的第一人。不过我相信现在是放下哲学回到活生生的现实的时候了。我听到了有人敲门——我开门去。

希：还是让我去吧。我相信，是我的使者带着马塞勒斯的答复回来了……一点儿也没错，它就是了。

阿：他说些什么？

希：您自己看罢！

阿：……马塞勒斯向国王敬致问候并特此照会，鄙人将在新月之前征服叙拉古。此举将使国王深信，罗马人言出必行。

希：您有什么看法？

阿：嗯，他的希腊文写得挺不错，内容嘛，不出我意料之中。

希：您的推测果然毫厘不爽，就好像您用您的方法算过似的。

阿：现在我们至少知道，哪些事是肯定要发生的了。

希：现在我也该走了，我该好好睡一觉。明天，战幕即将重启，我们可得准备迎敌呢。感谢您和我做了这么有趣的谈话。

阿：我也好久没有机会谈数学了，因此也挺高兴您促成了这次谈话。为这精美的金盘，我也要再次道谢。

希：我很高兴您喜欢它。晚安，我的朋友。好好睡一觉，对您可能也是有益的。

阿：晚安，陛下。我还不能去睡，我还得写完给我的朋友，披鲁西乌姆的多西修斯的信，告诉他我的新成果呢。因为罗马舰队刚好撤走，明天大概有船出港，而后天罗马又要重新开始封锁港口了。我得利用这个大好机会——这可能是最后一次了……

自然之书的语言

托——托里拆利（意大利科学家）

尼——尼科利尼（照顾伽利略的女士）

伽——伽利略（意大利科学家）

托：夫人，请容许我介绍我自己。在下是埃万杰利斯塔·托里拆利，卡斯泰利神父的一个学生。作为数学家，要是论起辈分来，我就是伽利略的再传弟子了。

尼：您就是那位，在您的热情洋溢的信中自称为哥白尼与伽利略的信徒的先生了？

托：好多年轻的人都跟我有一样的想法。卡斯泰利修道院院长向我提起了大师正在动笔写的那本新书，我来正是要请他谈一谈这本书的。

尼：您知道吗，伽利略正受宗教法庭拘留。由于佛罗伦萨大公的恳请，我们才获准，作为一项恩典，接他在我们家安居，但为此我的丈夫，大公的公使，必须立下他的誓言，答应我们绝不让伽利略先生接见任何客人。

托：没有一个人看到我进来，我的采访之秘可保永不外泄。

尼：罢了，就破一次例吧。但是只是为了，我希望，若是让老伽利略同能够理解他的想法的人谈谈，多少可以带给他一些慰藉吧。由于找不到别的听众，他有时甚至跟我谈起他正在从事的工作来，我哪能懂得他的那些古怪念头呀！今天赶巧他的精神挺好，因为他昨天夜里睡了个好觉——多少个礼拜来的头一次！来吧，先生，要是有人看到您，我会说，您是我的亲戚，您是看我来的。

托：谢谢，夫人，这是我莫大的荣幸。

尼：请这边走。伽利略先生，给您带一位客人来了，您准会高兴见他，是埃万杰利斯塔·托里拆利！

伽：我高兴极了，真是多蒙盛情，您甘冒这么大的风险，来看望一个有着异教徒罪嫌的老人！

托：对我的朋友们和我，您的《关于两大世界体系的对话》是我们的《圣经》。我听到卡斯泰利修道院院长说，您正在写一本新书，而这部作品将要超越迄今为止一切有关力学的著述。我特地来见您，想多知道一点儿有关这本书的情形。

伽：长久以来我就在计划着写这本书了。直到几个月前，我才终于动了笔，可又不得不中断下来，因为我得到罗马来出席宗教审判。自从我到这里来之后，我还没能得到机会，哪怕是写上一行。我最大的愿望就是，能把这部书写完。我打算把我关于运动所知道的一切，都总结起来写进这部书里。它必将超越我迄今为止的一切著述。可是我却担心，怕是写不完了。就算我在这场被别人强加于我的战争中获得胜利，要是我为此再也没有精力去完成这项已经开了头的工作，那么还是得不偿失的。

托：我十分想知道一些这部书的内容。

伽：希腊的数学家们在数学上取得了许多了不起的成就，他们中的一些——比如阿基米德——也把这些结果成功地应用到了各式各样的实际问题上，但是在运动

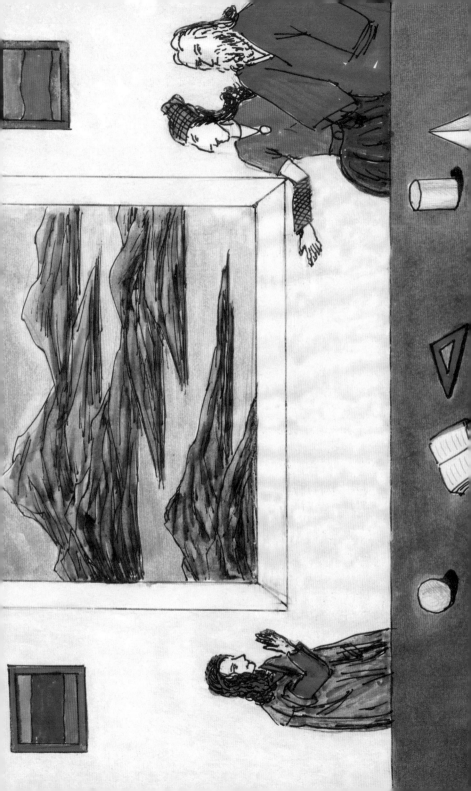

的数学描述问题上，他们却知难而退了，而且此后也没有人尝试做过。在我所计划的书中——要是我能写成的话——最重要的一点就是运动的数学描述。

托：希腊人竟完全没有尝试此事，简直是令人难以理解。可能是基于什么理由呢？

伽：希腊的哲学家们对运动讨论得很多，就拿芝诺[③]的两个悖论为例，一个是说阿喀琉斯和乌龟赛跑的，一个是说飞箭不动的，他想利用这两个悖论来证明运动是不可能的。当然芝诺对于自然中万物无时不在运动之理，知之甚深，恐怕比赫拉克利特[④]也不会逊色。他其实是想说明，运动的概念在逻辑上是有矛盾的，从而，用数学的方法来处理运动，也就变得不可能了。亚里士多德想推翻芝诺的悖论，但他的论证却脆弱不堪，他只证明了运动存在，而这是三岁小儿也知道的事。要想真正推翻芝诺悖论，就必须要能够证明，运动是可以用数学来描述的，而亚里士多德根本没有尝试这一点。要是我能把我的书写完，那就会是芝诺悖论的第一个正确的反驳了。当亚里士多德宣称，运动的描述不可能走数学的道路时，

---

③芝诺，古希腊哲学家。他最著名的理论是关于运动的悖论。例如，他断言，阿喀琉斯，全希腊跑得最快的人，永远赶不上一只乌龟，因为在同一时间内，当阿喀琉斯跑到乌龟的起点时，乌龟又前进了一段距离，虽然乌龟和阿喀琉斯之间的距离会越来越小，然而，人龟之间会永远有距离。

④赫拉克利特，古希腊哲学家。他认为一切存在物只存在于发生与消失的河流上，世界理性是在正反面斗争中或正反面的和谐中得到实现的。

他根本是说了和芝诺说的同样的道理，只不过采取了另外一个理由罢了。按照他的意思，自然科学研究本质存在却变化着的事物，而数学研究本质并不存在却不变的事物。这样，本质不存在而又变化着的事物——譬如运动——就不能是科学的研究对象。亚里士多德的这一拒认把数学家和哲学家们在运动的数学描述这个问题之前拦住了近乎两千年之久。亚里士多德的错误学说在数学与自然科学之间筑起了一道人为的鸿沟，正是在这个意义上，它是有害的。

托：我简直等不及了，多么想捧着您的新书一读为快！而人们用这么无稽的指责拖累着您。不让您为这部巨著献身工作，又是多么可耻！它的问世无疑将为科学开创一个崭新的时代！但是，请容许我再问一个问题：您为什么还是来到了罗马呢？为什么不找一个地方躲起来，把您的书写完呢？

伽：可是宗教法庭传讯我，我能怎么办呢？

托：您该出走，随便到哪儿，到一个宗教法庭鞭长莫及的地方。

伽：当我来罗马时，还怀着一线希望，指望能说服教会，究竟地球是否转动，根本与信仰无关，而是一个只涉及事实的问题，教会大可交给科学去裁决其是非真伪。我有一种感觉，认为我不论是对科学还是对教会都有责任，郑重地指出：要是教会支持托勒密系统⑤，那么它就会陷入窘境，就像一个人上了一条下沉的船一般。在我的《关于两大世界体系的对话》中，我就力图阐明这一观点。我曾相信，要是有机会亲自讲述一遍我的道理，我是有可能说服教会改变它对于哥白尼学说⑥的看法的。我曾极有把握地认为，我能说服教皇，因为他曾一再向我表示过敬重和推许。也许您听说过，他还向我献过一首诗呢。我曾许他为科学的朋友——他一当上教皇，就把不幸的坎帕内拉从狱中释放出来。我曾希望，通过一次私人谈话来说服他，在地球运动研究的这个问题上，教会不加干预是于教会有利的。但是我深深地失望了，教皇就是听不进我的话。我的敌人们在他面前进了不少谗言，硬说我在《关于两大世界体系的对话》中有意借大笨蛋辛普利西奥这个人物来揶揄取笑他，这一来，友谊在一夜之间变成了仇恨与报复。您说的可能有理，我不该到罗马来的，但是事已至此，怨谁也没有用了。

托：我相信，时机未必太晚。我能自由地说话吗？

伽：在尼科利尼夫人面前我是没有秘密的，她是我的正直的朋友。正是由于她在她叔父里卡迪神父前的奔

---

⑤ 托勒密系统：托勒密提出的宇宙模型，也称天动说。根据这个模型，地球是宇宙的中心，恒静不动，日月星辰都围绕着地球运转。在 16 世纪哥白尼提出以太阳为中心的宇宙模型以前，这个模型是古代天文学的经典教条。

⑥ 哥白尼学说：哥白尼首倡的太阳中心说，或称地动说。哥白尼学说经过了长期的曲折斗争才被学术界广泛地接受，并且从此成为近代天文学的基础。

走，《关于两大世界体系的对话》才得以出版。现在，我又住在这儿，她对待我就像母亲对待自己的孩子一般，千方百计地让我过得舒服些，让我得到更多安慰、更多鼓舞，使得我在这风烛残年受的罪能减轻一点。在她面前，您是什么都可以说的。

托：尼科利尼夫人放我进来见您，只此一事，我就知道她是可信赖的了，但是，今天，墙壁也有耳朵啊！

尼：在这屋子里您可以放心说话。

伽：这一点您完全可以相信，我的朋友！尼科利尼夫人几天前还辞退了一个仆人，因为她察觉到了，这人是给宗教法庭做眼线的；可她对我却一字未提，生怕扰乱我的心情。对吗？卡泰丽娜？

尼：既然您已经猜到了，我还瞒着您干嘛！我的其余的仆人却是可靠的。他们都是佛罗伦萨来的，经过严格的挑选，因此您尽可放心说话，这里所说的，传不到外人耳中去。

托：我和我的朋友们，一群自称伽利略派的人，已经为大师的逃亡做好了一切准备。我们将先接您去威尼斯，在那儿您可以暂时脱离宗教法庭的控制，因为共和国决不会把您引渡。要是您还嫌不够安全，可以从那儿乘船到荷兰去，在那儿，您准能安安心心地工作，并且您的新书也准能顺利地出版。我们把一切有关细节都安排好了，您只要点个头，和我们约定一个时间就行了。

伽：我的东主为我做了担保，我要是逃了，就会连累他们。别的都不谈，只考虑这一点我就不能逃。

托：我们的计划里也考虑到了这一点。在法庭下次传讯您时，我们将在半途，在大街上，把您劫走，这样，就没人能指责尼科利尼先生了。我们有一帮可靠的人，他们可以轻易地打倒押解您的警卫。

伽：您和您的年轻朋友们的一片好意，我是感激有加。你们的计划也非常好，可是却是行不通的，因为我已经一点儿也禁不住旅途的劳顿了。可能您也听说过，我刚刚得过一场大病，直到今天，我也还没有复原呢。

托：这我们也想到了，旅途将安排得尽可能地好，让您一点儿劳累都不会受。我的一个朋友，一位医生，将一直陪伴您，照料您的健康。旅行计划是经过精心设计的，从罗马到威尼斯，我们为每天的旅程都准备了一所宿处，由可靠的人照料一切。我承认，在路上我们提供不了您在这屋子里享受到的舒适方便，但是，请想想，您在这儿也随时有被投进教廷监牢的危险啊！我的意思是，要是必须在一个牧羊人的小屋和监牢之间做个选择的话，那应该一点儿也不难啊！

伽：年轻的朋友，我相信，不论您设想得多么周到，您还是很难设身处地。就算是我经受得了旅途的劳顿，可您还没问过我，究竟我想不想逃走啊！

托：您刚才不是说，您想通了，来罗马是不对的，这样我就认为，您是准备逃走的，要是能有这个可能的话。难道不是这样吗？

伽：不！我不应该退缩，我应该把这一仗打到底，虽然我打赢的机会比我之前意料之中的更为渺茫。要是我逃走了，那么我的敌人就胜利了，在意大利，科学的自由就一下子整个完了。正是为了您，为了青年一代，我不该走。

托：大师，我真不懂，您刚才自己说，在您想得到教皇的一臂之力时，您失望了。那么，还有谁您能指望呢？我当然知道，有一些青年人心底下是向着您的，但您真的会相信，他们会有那个勇气和教皇对着干吗？不久前我见着了格林伯格神父，问起了他对您的《关于两大世界体系的对话》一书的看法。

伽：这位好神父说些什么？

托：他很推崇您的一如明镜的逻辑和无比丰富的知识。虽然他感觉到，您一些表达得不够谨慎的句子给您的敌人们用作了口实，来曲解您的意思并据此挑拨了一些有地位的人来反对您。可是他本人却从没有怀疑过您纯洁的意图，而且认为，您的论证是精彩的，尽管，如他所相信的，您是过分了一点，特别是在一些他本人宁愿更保守些的地方。显然，他是想同时忠实于他的科学良心和教会的。

伽：真是不折不扣的外交辞令！可每个人都听得

出，他的真意是什么。这么看来，您说的当然不错，从这么谨慎的朋友那儿是很难指望多少支持的。他还说了什么吗？

托：说了，这话日后可能还是很重要的。他说，他认为您是个好天主教徒。

伽：格林伯格当然知道得清清楚楚，这里的问题根本就同宗教无关。我的敌人们只不过故意摆出一副卫教者的架势，您当然不会上他们的当。这些人向来就玩弄这一套手法，几十年来一贯如此。但现在他们果然做到了，挑拨教会来反对我，反对科学、这里面藏着的实在是另外一套东西。

托：您的敌人们究竟是谁呢？他们又为什么对您衔恨如此之深呢？

伽：我的真正的敌人是那些庸碌的同行和伪学者。他们只知道啃亚里士多德的书，怎么也不肯从我的望远镜里看一眼，以死死抱住他们的错误学说不放。他们恨我，因为他们不敢去碰那唯一正确的科学方法。按照我的看法，哲学的目标在于认识自然的规律，而要做到这一点，就必须有仔细的观察、准确设计的实验以及对它们所做的分析才能成功。只有凭借数学的助力，这些规律才能被表示出来。与此相反，我的敌人们认为哲学就是拿亚里士多德语录来彼此攻击。

托：我简直不能理解，一个人想要认识自然，却又在科学的方法之前裹足不前。要说亚里士多德学说，它还不是照样用这个方法——如果不是由他自己，也是由别的希腊学者——建立起来的吗？

伽：要是亚里士多德活在今天，他一定会痛斥这班伪学者。但是不要忘记，这班人其实并不真想认识什么自然，对科学也并不真有什么兴趣。他们关心的只有一件事，就是装模作样成饱学之士，骗取丰厚的薪俸。因此，他们对我的阴谋陷害，完全是我的意料中事。我也习惯了他们对我的吹毛求疵，总想给我造成一些麻烦。这些人搞阴谋诡计比搞学术更在行，也更有天分。遗憾的是，他们的破坏确实干扰了我的工作。我必须付出多少盛年的岁月来反击那些诬陷我的无稽的谰言。现在，我已年老力衰，而我几十年前就计划要写的书到如今还没有写成。

托：如果您接受我们的计划，您就会有机会完成您的作品——每个对科学有兴趣的人都期待已久的作品。我真不懂，为什么您不愿从这厄境中摆脱出来呢？您的敌人们决不会放过您，而您此地的朋友们又帮不上您任何忙。您还在希望什么呢？

伽：我依赖的就是真理！您想想看，根本没有人能说得出，我究竟犯了什么罪，那本《关于两大世界体系的对话》——它的写作甚至是得到教皇鼓励的——是我送审过的，它被彻底审查过并获准出版。这一点没有任何人能派我的不是……现在，他们却说，《关于两大世

界体系的对话》一书的审查者太草率了，否则他不可能
准予出版。但这不是我的事。他们当然可以禁售《关于
两大世界体系的对话》，这也难不倒我，因为它早已卖
光了。要是他们想制定一个决议，把《关于两大世界体
系的对话》焚毁——我猜他们连一本也搞不到手。要是
为了有书可烧而不得不重印新版，那才有趣哩！此外，
他们也没法证明审查官的草率失职。我严格遵循了贝拉
明的训谕：不得宣传哥白尼的学说。在我的《关于两大
世界体系的对话》中，我把所有支持这一学说的论证都
客观地列举了出来，但所有反对它的，说得更清楚些，
所有支持托勒密学说的论证，也无一遗漏地列举了出来。
只要是读过我的《关于两大世界体系的对话》的人，都
能发现，我把那些声言地球不动的理由，叙述得比我的
任何一个笨驴似的敌人更为清楚易懂。他们只会对哥白
尼血口喷人，诟骂不休。但这些理由不足以服人却不是
我的错，谁要是能举出更多论证地球不动的理由，我甘
愿挨他的石头。在迄今为止的传讯中，我始终未能申述
这一点，因为人们根本不让我讲话。他们只是不断地反
复问我为什么我没有向审查官提起，宗教法庭在 1616
年就已经处理过这样的问题。这个说法真不怕人笑掉大
牙，因为审查官当然应该比我更清楚呀！他们接着又说，
我有责任告诉审查官，贝拉明在 16 年前对于这个问题跟
我说了些什么。可是除了我前面提到过的那条训谕，他
什么也没有说。他们又问我，贝拉明是不是仅仅叫我不

得宣扬哥白尼学说呢，还是叫我"根本不许搞"。不幸的是，他根本没有多说一个字。我还有一张王牌没有打出去呢，我手里有一封贝拉明写给我的信，在信里他提到了我们的谈话，其中也只说，我不得"宣扬"哥白尼的学说。

尼：要是您的敌人们弄出一张文件来，跟您上面所说的内容刚好相反，您将怎么办呢？

伽：您想到哪儿去了，这样的东西根本不存在呀！

尼：可是造假文件的事，历史上可是层出不穷。

伽：这么卑鄙的事，就是我的敌人也不至于干吧！

尼：可是您别忘了，一个反真理的人，可是什么都干得出，他会在撒谎与诽谤的网里愈陷愈深。那么您的敌人们对于伪造文件又有什么可以顾忌的呢？

伽：不，这是不可能的！我深信，一旦我出示贝拉明的信，这个问题就可以了了，否则就太不像话了。这简直太荒谬了：人们一直拿些形式的问题来折磨我，对于实质的问题，究竟地球是否绕着太阳运动，究竟地球是否绕着自己的轴转，或者究竟它是否不动地居于宇宙的中心，人们却绝口不提。要是我哪天得到开口的机会，我希望，事情就能好转。

托：大师，如果您有这样的机会，您能够扫除一切怀疑，证明哥白尼是对的吗？

伽：要是我能够，我真不知道会有多高兴，因为，年轻的朋友，这是真理，我信之弥深。可是，可惜我还没有能力，完全不容怀疑地来证明它。我能够说的只是，哥白尼学说与一切为我们所知的事实是相符的，没有一件已知的事实否定它，而所有表面性的矛盾，都容易加以解释。我证明了下面这件事，如果地球是运动着的，那么，由于我们是生活在它上面，因而是和它一起运动，就不能察觉这一运动。因此，哥白尼学说就不能通过日常的经验被否定。这情形类似于地球的球形形状，人们也是费了很大的劲才认识了这件事。在但丁的时代，人们还认为这种想象是理性所不容的，而这正是人们凭借日常的经验所下的结论。他们说，要是地球像个球，那么另一头的人就必须脚朝天站着，因而必然就会掉下去。关于头足人，人们说过多少荒唐滑稽的傻话啊！现在，再也没有人提起关于这问题的讨论了，人们也早已习惯了地球是球形的想法了。当环球航行成功之后，除了确认这个事实，是别无其他出路的了。现在，距离麦哲伦的"维多利亚"号成功环行地球一周已经整整111年了。对于地球的运动，我们目前还没有一个像这么具体的证明。因此，有志维护真理的人处境就很难了。我只能证明，迄今为止，所有一切反哥白尼的说法全都由误解和无知所引起。我证明了，用哥白尼的说法来解释可见的太阳、月亮和行星的运动比用托勒密学说更为简单。木星的月亮（卫星）、土星的光环、月亮的镰刀形以及关于火星的我新发现的其他现象，全都是哥白尼理论的佐证。但是，没有一个能是直接的证明。在传讯时，人们曾指责我，我写《关于两大世界体系的对话》的目的并不在此时，我说的是实话。当然我并没有透露，我之所以没有用这一意图来写《关于两大世界体系的对话》，仅仅是由于我至今还没有找到决定性的证明。

托：您不认为潮汐是个决定性的证明吗？

伽：我必须承认，三年过去了，当我现在重读了我的《关于两大世界体系的对话》后，正是对这一部分最不满意，我得把它全删掉或者彻底改写。

托：为什么？你用地球的双重运动对潮汐现象所做的解释，是很有说服力的。

伽：不要误解我的意思，我并不是说，我对于自己给出的解释有了怀疑。但我现在弄清楚了，我所证明的只是：用地球的自转来解释潮汐比不用它更为简单，这一来，这项证明也就并不比别的在本质上更加有力了。

托：我懂了。

伽：我看得出，您大概在想，既然我反正还不能对这个问题做出最后的定论，那么，为之受这么多的苦难是否又值得呢？不，您一点也不必否认。我看得出这个念头正袭击着您，它不容您回避。我自己在最近几个月里也常常在想，再等几年是否更合适些，或许到时我能找到一个决定性的证明。经过详细的考虑之后，我决定还是放弃这个想法。我已经这么老了，没有多少日子可

以等了，可能我不能亲眼看到，能有一个决定性的证明被找到了。但我始终有一个感觉，把我的所有想法写出来告诉世人，还是足够重要的，即使它们还不能使问题定案。我认为它是我的一项责任：把我所知的一切总结整理起来，即使只是为了帮助那些还在找决定性证明的人。再说，哥白尼学说本身还应该进一步得到完善，因为它还不能准确描述行星的可见运动，理论和观察之间的偏差还得不到合理的解释。

托：开普勒曾断言，偏差会更小，如果我们假定，行星的运动轨道是椭圆形的，太阳居于它的两个焦点之一；并且，行星不以恒速，而是以下述速度运动着，这速度与从焦点到速度方向的垂线长度的乘积是个常数。

伽：开普勒真说了这话吗？奇怪我竟没有注意到它。但是我不相信这个假定是必要的。它太像那个人们企图用来挽救托勒密系统的外摆线假定了。我唯一能用力学规律加以解释的假定是，行星以恒速做圆周运动。它同时也是最简单的。

托：简单的不一定是真的。正是您，尊敬的大师，就曾取笑过那些蠢驴，他们不愿相信，月亮上有山，虽然只需在望远镜里望上一眼，就可以看得清清楚楚。他们说，要是月亮上有山，那么月亮就不是准确的球形，因而也就不完美了。

伽：这当然不值一笑。而更荒唐的是克拉维乌斯想用来挽救月亮的球形说法，月亮表面的谷地里充填着看不见的物质，因此，即使人们看得到山，月亮到底还是不折不扣的球形。用这个说法，我何尝不能说，克拉维乌斯其实长着一双驴耳，只不过它是那么一种透明而神秘的物质，以至人们既看不见，又摸不着，而且也没有其他任何办法去觉察其存在罢了。不过，开普勒那个椭圆形行星轨道的假说倒是需要准确的审查。如果没有人来限制研究的自由，这个问题总会随着时间得到解决的。在今天这样的环境，最重要的是，在地球运动以及其他一些纯属自然界的问题上，教会不要对科学加以禁锢。人们说，我的《关于两大世界体系的对话》是对哥白尼系统的入教宣誓。我答复说，《关于两大世界体系的对话》的主要目的是争取科学研究的自由。《关于两大世界体系的对话》为此而作，而我也为此招来言祸。哥白尼说的真理迟早会大白于天下。使我更担心的毋宁说是，要是我在这场诉讼中争取不到我的权利，那么，至少是在意大利，研究工作就要有很长一段时间处于瘫痪之中。我就算是逃到了荷兰，又于事何补呢？且不说我难以想象，以我这么一大把年纪，怎样在一个陌生的土地上重新开始新的生活——这一切都会意味着，我在战斗中不战而降了。因此，只要还有一线希望，我就不能退缩。请您带给您的朋友们我最好的祝愿。我确实感到万分安慰，当我知道这世界上还有这样的人，以帮助我作为最关心的事。

托：我的朋友们和我对您一定是有求必应，只要我们力所能及，一定会尽量办到。我只担心，要是我们把计划的实现往后推得太久，很可能良机一纵即逝，时不再来了。再见，大师，如果您对于我们的计划改变了看法，或者您在任何其他方面需要帮助，请随时通知我们。

伽：再见，我亲爱的朋友，谢谢您的来访，也谢谢您愿意为我做的一切。再见！

尼：让我给您带路……这位托里拆利真是个可爱的年轻人……伽利略先生，尝尝这佛罗伦萨来的美味的桃子吧，只要看一眼它，都会使人烦虑全消呢……听您刚才的谈话真有趣极了，可惜我却不能完全听懂。您哪天有时间，能给我指点一二吗？

伽：乐意之极，我们也可以现在说做就做。我很高兴跟您谈天，卡泰丽娜，因为您有健康的、新鲜的理解力，它还没有被学究式的拘泥死板所戕害。

尼：您不先休息一下吗？刚才的谈话一定让您够累了吧。

伽：一点也不，它只不过使我稍稍有点情绪亢奋。我精神好得很，您想谈什么，我一概乐意。说吧，您想知道什么呢？

尼：我不明白，为什么您说，您完全信服哥白尼学说的真实性，但是却还不能证明。要是您不能证明这个学说，怎么会信服它的真实性呢？要是您有信服它的好理由，干吗还需要证明呢？

伽：这是个复杂的问题，不是三言两语能够交代清楚的。为了回答好您的问题，我得首先谈一点儿科学方法的本质。在开始之前，我想先问几个问题，您是怎么得出结论，您的仆人是来刺探我的呢？

尼：我乐意告诉您，这一切是怎么回事。开始时我觉得奇怪，朱塞佩——这家伙的名字——经常好几个小时不见人影。当我上星期五去市场时，看到他正在城门底下和一个多米尼加教士在交头接耳。这很叫我起疑，但我还没有什么把握。我给自己出了个主意，决心来考验这小子一番。我把我的一只鹰装进口袋，请卡斯泰利神父叫人把这口袋捎给我，并且托称转给伽利略先生。当有人叫门时，我吩咐朱塞佩去开门，过了几分钟，我就跟踪去察看究竟，只见那头鹰正在楼道里飞来扑去，而朱塞佩手上淌着血，正在企图捉住它。我心里已经差不多肯定了，但仍然禁不住犹豫，说不定他根本不是奸细，而只是因为好奇，因此我决定再做最后一次试验。我写了一封关于您的信给阿斯卡尼奥·皮科洛米尼总主教，故意没有封口放在桌上，然后故意把墨水泼在地上，叫朱塞佩进来擦地板。这期间我就到阳台，背对着他，从我的威尼斯首饰镜里察看他的动静。只见这家伙慌慌张张地读着信，一面做着记录。这时我心里已经完全明白了。但是，为了最后再检查一次，第二天我把他叫到面前，问他：朱塞佩，你会读书写字吗？他回答说，他连自己的名字都不会写。于是我就对他说，离开我这儿吧，我用不着不识字的粗汉，但是，我还没搞明白，我说这一大堆岂不让伽利略先生听得无聊吗？

　　伽：不，一点也不。从您讲的故事里，我看得出，对于科学的方法，您比帕多瓦大学⑦的亚里士多德派加在一起还要懂得更多。您是怎么做的呢？您首先观察到，朱塞佩常离家外出，您就问自己，可能的原因是什么。当您看到，他和一个多米尼加教士在说悄悄话，您就做了一个假设，他是个奸细。然后您并没有坐等下一个偶然的机会，而是设计了一个老鹰的实验，您对自己说，要是朱塞佩是个奸细，他一定会打开袋子。果然，他打开了。一个肤浅的人可能这一下马上就认为他的怀疑得到了证实。但您却进一步问自己，可不可以把朱塞佩的行为解释为别的，而不必一定认定他是奸细呢？您马上回答了这个问题：可以做别样的解释，可能他仅仅出于好奇而已。您看到了，这个实验虽然带来了预期的结果，但还不是决定性的。于是您又设计了第二个实验，就是写信的那个，结果又符合了预料。可是您还是做了最后一个试验，您问他会不会读书写字，因为朱塞佩不承认他会，您才最后确定，他真是奸细无疑，这才把他赶出

---

⑦ 帕多瓦大学成立于 1222 年，是当时欧洲的学术中心，但丁也曾执教于此。该校至今仍然存在。

了家门。……谁要想探索自然的奥秘，必须基本上类似这样地去做，在观察的基础上立下假设，用仔细设计的实验加以检验。我们不能从自然那听到几句模模糊糊的话便认为满足，而是要通过实验扎扎实实地把自然拿来拷问。当我们的某个根据假设设计的实验没有带来预期的结果时，我们就必须放弃那个假设。但是如果某个实验得出的结果正是我们根据假设所期待的，那么，这个假设还远远不是已经得到了证明。我们必须问自己，对结果能否做别的解释，如果我们找得到一种解释，那就是说，还存在着别的假设，用它也能解释实验所得的结果。那么我们就得设想新的实验，它又带来新的结果，根据第一个或第二个假设是否正确，这新的结果和旧的结果就可同可异。要是新结果又和第一个假设符合而与第二个矛盾，那就必须抛弃后者，或修正它。

尼：但这个过程却没完没了！我们总能想得出再怪也不稀奇的解释，它能"解释"一切实验所得。朱塞佩偷看我的信，说他好奇还解释得通，但他同时还做着记录，这时光用好奇来解释就行不通了。但是我们大可找到一些更确凿些的理由，比方说，他喜欢上信里的某些措辞优雅的佳句，要抄下它们。他不承认会读书写字，也未尝不能解释为，他害怕要派给他太多的抄写工作。这岂不是说，一项有关自然的假设充其量能被否定，却永远不能被证明吗？

伽：不，并不完全这样。我们当然可以从每次与假设相矛盾的实验，去修改原来的假设，使得看起来矛盾不再存在。但是，我们能用一个简单的、自然的假设去预期若干彼此独立的实验的结果是一回事，为了挽救一个被实验推翻了的假设而对它东挖西补，弄得它面目全非则是完全不同的另一回事。任何一个新的实验，如果给出一个结果，这个结果根据我们的假设可以预见而用其他的假设则要费很大的劲才能凑得拢，那么这实验就加强了我们对这假设为真的信服。经过许多这样的与结果相符的实验之后，我们就得到一个坚实的信念：这假设是对的，即使我们还没有拥有一个决定性的证明。

尼：我开始明白了。我也想起了，当我补一件破旧的衬衫而被弄得手忙脚乱——因为这儿刚缝上，那儿又扯破了——这时我就应该看到，再补下去是不值得的了，我必须扔了它。但是您对我所说的，我们其实永远不能完完全全地肯定一个关于自然的假设是真的，还没有回答是不是这样呢。

伽：严格地说，我们确实永远不能像证明一条数学的定理那样去证明关于自然的物理学上的假设。就是说，由一些基本假定，或公理，通过逻辑推理来论证。那些对自然所做的假设其实本身就是公理。在数学上，人们也不去证明公理，几何学上的公理就是不能证明的，我们只能说，因为建立在这些公理之上的几何学正确地描述了我们生活于其中的空间，因此我们信服这些公理的正确性。对于物理学上的假设，我们一般不能通过经验去直接加以检验。我们只能针对可以观察的、由实验控制的现象从这些假设中推出结论，然后对这些引出的结论加以检查，而从假设到结论的推导则要借助于数学。具体说，就是把我们的假设当作公理来对待，再以数学的精确性推导结论。

尼：现在我也明白了，为什么我们研究自然要用到数学。

伽：到这儿我只举出了一个理由，为什么数学对于自然的认识是必不可少的。还有一个理由，也是更深一层的理由是：除了数学的形式，也就是数学式子，我们没有任何其他的途径来表达自然的规律。换言之，自然的巨书中，只有懂得写成这本书的语言的人，才能读下去，而这语言就是数学。谁要是只晓得对自然胡吹瞎扯，而不晓得用观察和实验让她自己来现身说法，就永远不会了解自然。但是，如果我们做到了，让自然开了金口，那么她说的就是数学的语言，要是我们自己不会这个语言，我们只不过是白费了功夫，还是不懂她说的是什么。而且，只懂得这个语言的一点皮毛也还是不行——可惜这样的哲学家多的是——因为这样就会很容易弄错了自然的意思，再有当这样一个人想用数学的语言表达自己的思想时，他那结结巴巴的苦状徒然叫看到的人干着急。有许多的自然科学家和哲学家对数学怀着一种奇

怪的——我想说，野蛮的——看法。今天他们对于数学的必要性已经反对不了了，但是他们却相信，如果一个人只是为了研究自然，而不是为了数学本身而搞数学，那就用不着下太大的功夫。这班浅见之徒宣称，他们只需要现成的结果，至于定理的证明和准确的表达吗，他们既不舍得花费气力，也没有时间和耐心奉陪。这不就像一个人说"让我们锯掉这些树的根和叶子罢，我们要的只是果实"同样的荒唐么？数学是一个有机的整体，谁要想享受它的果实，就必须有此见地——不管他愿不愿意。

尼：我真不懂，一个人想要利用数学，可对她的精神却懵然无知，毫不尊重。我在数学上是个初学者，我所懂的，都是您在我们的谈话中教给我的。要是我在这么个大问题上提出什么意见，一定会叫人认为太不谦虚了。我确实发现了一些有趣之处，可我又不愿同您提，怕您兴味索然，您知道的，当然要比我所能说得出来的高明多了。

伽：您放心说吧，您发现了什么，一定会叫我感兴趣的。您的敏锐的眼睛常能看到一些我的饱学的同事们所看不到的东西。

尼：我认识到，如果我想要理解一条数学定理，就非得要弄明白它的证明不行。我甚至还能清楚地记得，有些定理我是在听您给我讲了第二个——和第一个完全不同的证明——之后才真懂了的。当您头一回为一个定理给出好几个证明时，我还颇不以为然——我必须坦白承认——这有什么好处呢？有一个证明不就够了吗？不久，我开始发觉它是有益的。欣赏一件艺术品也不应该只从一个方向去观看，而应该从好几个方向……我当然知道，有些人是被困难的证明吓住了，我有时也被那些长而复杂的，必须逐项逐项紧跟的推演系列吓住了。我常常感到就像一个历经有生命危险的峡谷攀向顶峰的登山者，他只能看着脚下，提防不要滑跌。但是当他登上了顶峰，回首下望，不仅攀登过的险径历历可见，而且整个山景也尽收眼底，他一定感到辛苦的代价是值得的。开始时，我在下功夫力求理解艰难的证明时，我期待的还仅仅是这种日后的美好景色，后来，我发现，那柳暗花明、佳境纷呈的曲折变化，同样使我陶醉。我相信，对登山者而言，感受应近乎此。起初，他们临危涉险，心里期望的只是欣赏美丽的山景。当他们有过一些历练之后，这时攀登本身、障碍的克服、新技巧的发明等就都成了他们的快乐的来源了。

伽：您不知道，您的表白叫我有多高兴。在我漫长的一生中，很少有几个学生能够这么好地理解我和数学的真精神，因此我同您谈话是再快活不过的。我看到了，您的眼睛是怎样地闪着光芒，而从这里我看得出，您是弄通了这整个事的本质了。在我一生的教学中，给予我最大快乐的，莫过于我学生眼中的这种闪光了。这就像炉中之火。我们煽啊、吹啊，不就是为了要它一下子烧个通明吗？有些教师习惯于这么教数学：他们完全着重于死记、定理的反复应用和技巧的娴熟，依我看这是庸才的做法，这样的教学没有多大价值。一个好的老师首先要注重"为什么"这个词，要在意理解，要致力于让学生们习惯于独立思考。不求真理解，只会照方背诵的人是往往不会正确应用大多数的药方的，因为只有脑子里想着才会算得好。不想而光算的人，往往大绕弯路，有时甚至得不出他所要的。那么，即使计算本身没错，结果还是无用的。对于您刚才说的，我想只做两点补充：数学确是有用的，甚至是不可或缺的，如果我们想理解自然，或者通过机器来役使自然之力；数学也是有趣的、美丽的，是人类精神上富有刺激而奇妙的冒险。但在我看来，数学之美并不是一个附带的产品，而是她的一项本质。实在的真总是美的，而纯正的美也总是真的。古代希腊人深知这一点，那些我说他们对数学怀有野蛮看法的人，正是昧于这一点，所以才理解不了数学。他们对这美毫无知觉，或者，他们发现不了它。可是一旦他们发现了它，却又对它满怀猜忌，他们相信，美是一种奢侈，因而是可免的，以为他们如果愈禁锢这美，就会愈接近真实。他们沾沾自喜于扮演实干者的角色，对于潜心穷究数学的真精神的人，他们往往出于轻蔑，认之为梦幻者。

没有什么比这种自命不凡更为无稽的了，说穿了，它只是这班人用来掩盖自己的浅薄的面具罢了。亚历山大大帝由于解不开其中秘密，因而恼羞成怒地用砍断戈尔迪乌姆之结⑧的狂妄，和这种自命不凡者正是一丘之貉。在野蛮的昔日东方暴君的宫廷里，艺术和科学确实只是奢侈品。而在古代希腊人那里，艺术与科学却曾是生命的有机组成部分，它们以不同的方式为同一个目标服务：理解人类自己以及他们生活于其中的世界。历时两千年之久，我们终于走到这么远了，可以在希腊人开创的路上继续往前走了，我们只能从阿基米德停下来的地方跨出第一步。

尼：您说得对，我们的艺术家也在这么做。但您不是要做两点补充吗？那第二点是什么呢？

伽：第二点和第一点有密切的关联。到现在为止，我只说了数学的美，说了真正的理解以及眸子的光彩所带来的快乐，在这一点上我们的确可以把数学来和艺术相比拟，后者正是以它的美感化我们，也感动我们。但上面说的那种乐却不能不劳而得，我们必须为之辛勤劳动。您的登山者的例子因此是十分贴切的，它在这一点也完全吻合。没有严肃的心智上的辛劳，就没有人能在数学上走得远。但是谁只要领略过真知的快乐，就一定会乐于献身，不畏任何艰辛劳苦。在数学教学上，主要目的之一就应该是，引导学习者去认识这种快乐，去习惯训练有素的逻辑思考和聚精会神的心智上的繁重劳

---

⑧ 戈尔迪乌姆之结相传是在戈尔迪乌姆城的一辆奉献给宙斯的战车上所打的结。后来亚历山大大帝用剑砍断了这个结。

动，没有后两者，在数学上是不可能有成就的。此外，谁要是通过数学而学会了逻辑思考的艺术，他在生活的其他领域也将获益不浅。

尼：那您一定不赞同某一些人了，他们说，要是每个人都用自己的脑子思考，肯定不会带来什么好处，因为这会导致无政府状态。还是大家都服从权威比较好。

伽：我整个的一生就是和这种观点斗争的一生。现在人们也把这作为指控我的一项口实了。我只举一个例子：亚里士多德相信，维持运动需要力。这是个错误。我的新书开宗明义就是下面这个基本的、经过多次观察证实的断言：仅仅改变运动的速度才需要力，如果没有任何力作用于一个运动着的物体，那么这物体的运动速度不变。这是一件简单的事实，不认识它就无从理解运动。可是几乎两千年之久，人们没能去认识它，原因就在于，他们相信亚里士多德的权威更甚于自己的眼睛。我一直致力于用自己的脑子去思考。如果说我在科学上有所成就，那就完全拜这一点所赐。独立思考不仅仅在科学上不可或缺，在生活的所有领域亦无二致。我认为人不是羊，羊才需要用狂吠的猎犬来赶进羊栏。人与禽兽的不同，首先在于人有一个能思考的脑袋，谁要是反对独立思考，那就是想把人降到禽兽的地位。但是我们离题太远了吧，我不知道，究竟回答了您原来的问题没有？

尼：我还不完全理解，当您对托里拆利说，您还没有为哥白尼学说找到一个决定性的证明时，您究竟是怎么想的。照您刚才的话来说，一个决定性的证明岂不是完全不可能的吗？

伽：您错了，夫人，一定存在一个证明，能够最终推翻那种地球不动地居于宇宙中心而太阳绕地运行的想法。当我说到对于哥白尼学说的决定性证明时，我的意思是一项观测或一项实验，它以任何的理智的方法都无法和托勒密的宇宙模型相容。我一直不断地在找这样的一个证明。为了向您介绍这个问题的困难，您不妨想一想下面这个实验：设想您在一条船上，在一个封闭的，没有窗子的舱内，当你夜里醒来，你就无法断定，船是静止的还是以匀速沿着直线向前进。只要您留在舱内，那么即使您有仪器可用，您还是怎么也辨别不了这两个可能性。如果您让一个物体向地上落下去，那么，不论这船是停着或者以匀速运动着，它落下的方式都会是一个样。但是，如果船的运动是改变着的——不管是速度还是方向——那您就能分辨出来。只要船做的是匀速直线运动，人在船舱中就观察不出运动。当然，如果船舱开了窗子而您可以从窗口看到岸，那您当然能断定船对于岸是否在运动着。如果您航行在大海上，您从窗口只能看到别的船只，那么您可以觉察，您所乘坐的船相对于您所看到的船之间有着运动，但是您却不能断定，到底是您的船在运动，还是另外那只船在运动，还是两只船都在运动。

尼：这道理我明白，可是按照哥白尼的学说，地球绕日的运动并不是直线的，而是圆周运动，这不就像船的运动方向是改变着的吗？这样的运动，照您说的，不是在封闭的船舱里也能被觉察吗？

伽：要是船很慢地改变方向，这也就很难被觉察了。我们所能感觉的只是骤然的方向变动。地球绕太阳一周需要整整一年的时间，因此在几个小时之内，方向的改变是很微小的。由于这个缘故，观察就难了。

尼：那么地球的自转运动呢？要是我理解得不错，根据哥白尼的学说，地球在一天之内就自转整整一周，我们有什么办法直接感知这个转动吗？

伽：从您的问题中我看得出，对于我要找的决定性的证明是什么，您已经理解得很多了，但是，正如我说过的，我还没有找到它。无论如何，我希望，科学迟早会找到这样一个证明。

尼：您刚才说，自然的规律是以数学的语言写成的，这话我还不完全理解。您能举个例给我说明吗？

伽：请您过来我这边窗口，看着这个我将放它落地的小球。您注意观察，小球怎样从窗口往地上落。您观察到什么了吗？

尼：在我看来，它愈落愈快。

伽：确是如此，但它是怎样加速的呢？这后面隐藏着一条简单极了的定律：小球在相等的时间间隔里所走的路程，它们之间的关系恰恰是奇数之比，换言之，在第二秒中所走的路程是第一秒中的三倍，在第三秒中所走的是第一秒中的五倍，在第四秒中所走的是第一秒中的七倍，如此下去，再换句话说，落体的运动是匀加速的——或匀不等速的——运动。经院哲学家们早就研究了这个运动，但他们却没有用数学去处理，而这一运动模型缺少了数学就不能被正确地理解。

尼：这真是有趣极了。

伽：等一等，我想对落体所做的说明还没有完呢。到现在为止，我所说的也可以说成：落体的速度与时间成正比地增长。现在让我们来研究一下，落体从开始下落到任意一个时间点所走的路程有多长。如果我们用 a 表示落体在第一秒内走的路程，那么，如我所说过的，它在第二秒内所走的路程就是 $3a$，因而两秒之内共走了 $a+3a=4a$。您还记得吗，落体在第三秒内所走的路程是多少？

尼：当然还记得，它是第一秒内所走的五倍，也就是说 $5a$，因此它在三秒之内总共走了 $4a+5a=9a$ 的路，四秒内共走 $9a+7a=16a$。

伽：好了，两秒内 $4a$，三秒内 $9a$，四秒内 $16a$，您看得出这中间的规律吗？

尼：看来，路程和时间的平方成正比，对吗？

伽：说对了，而且不必依秒计算，对任意的时间长度都成立。

尼：怎么予以一般地证明呢？

伽：极为简单，画一条水平直线，任选一点作起点，也就是相当于运动开始的时间点，再取任意一段距离表示时间单位。那么，起点右侧的每一点都代表一个时间点，现在您可以在每一点画一条垂直于这直线的线段，其长度等于落体在这个时间点的速度。由于速度随着时间均匀地增加，这些垂直线段的终点就全部都在一条经过起点的射线上。

尼：我听懂了，但是请告诉我，从这个图上怎样读出到某个一定的时间点所走的全程呢？

伽：极简单，到一个一定的时间点所走的全程等于由下列线段围成的三角形面积：所谓的时间轴，在相应的时间点所引的代表速度的垂线，以及其终点与起点的连线。

尼：请解释得更详细些，我还是不明白，为什么是这样。

伽：假设速度不变，那么行程就是时间与速度的乘积，如果以水平轴表示时间，与之垂直的线段表示速度，行程就是由这两个线段形成的矩形的面积。但是如果速度是变的，情况就复杂一些，但行程还是等于某个图形的面积。如果速度在一段时间内保持不变，然后突然跳跃式地增加，那么行程就是两个矩形面积的和。如果速度做多次跳跃式的改变，而在两次跳跃之间的速度却是恒定的，那么行程就是相应多个不同高度的矩形面积的和。但是如果速度不停地且均匀地改变，那么行程就等于一个三角形的面积。要看到这一点，只需设想这个三角形是由无穷多个不等长的平行线，或无穷多个无限狭小的矩形叠成的。

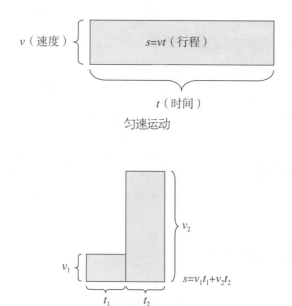

v（速度）$s=vt$（行程）

t（时间）

匀速运动

v_2

v_1

$s=v_1 t_1 + v_2 t_2$

t_1　t_2

阶段性恒速运动

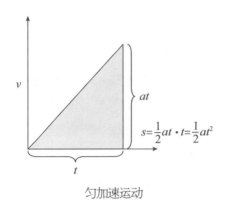

匀加速运动

尼：真是妙极了。您的关于运动的数学的书将讲到
这件事吗？

伽：会讲到，并且还要讲许多类似的定理。例如，
用类似的方法我们可以算出，一个斜向抛出的，在一个
抛物形轨道上飞行的石头的飞行速度和落点。这个问题
是重要的，不仅仅出于实用的理由，更由于，我可以通
过它证明，该怎样把不同的运动加起来。说起来真叫我
不解，从托勒密甚至更早的时候起，人们就在计算太阳、
月亮以及行星的日复一日、年复一年的可见运动，可是
对于一块下落或抛出的石头的运动却从来也不去详细计
较。在我之前从没有人——阿基米德可能是个例外，但
我们无从得知史实——做过这事，即使有人为此又来以
控我为异教徒相胁，我还是要声称，在这儿，在我们地
球上，物体的运动和在天上遵循着同样的规律。

尼：这样说来，整个宇宙就像是一个巨大的钟表结构，在那里面从最小到最大的轮子无不遵循着准确的规律在运动！

伽：这个奇妙的规律性只不过是自然之书中的一章。在自然中也到处可见偶然性、不规律性、不可计算性。

尼：您的意思是什么呢？

伽：想一想那些新星，它们时而，比如说六十年前的那一次罢，不期而然地出现在天空，逐渐变亮，不久，却又翩然而遁，归于无形，一如其所来一般。想一想那些接近太阳表面绕日而转的日斑，忽而变大，忽而变小，出现，凝聚成团，又归于消失。宇宙并不在每个方面都像一个钟表结构，在许多方面它倒更像爱闹情绪、难以捉摸的女人。

尼：从你所说的似乎可以推知，在自然之书中也有着不是以数学的语言写成的篇章，因为，如您所说，它们是不可计算的。

伽：您错了，夫人。但您的误解是可以理解的，因对于偶然事物的数学描述仍处在襁褓时期。虽然如此，它还是可能的，正如我不久前借一个简单的例子所阐明的那样。

尼：给我讲讲这个例子罢！

伽：那是关于骰子戏的，这个古老而且今天仍然流行的靠运气的游戏。当我们掷一颗骰子时，哪一面会朝上，是全凭偶然来决定的。让我们像通常那样把这些面

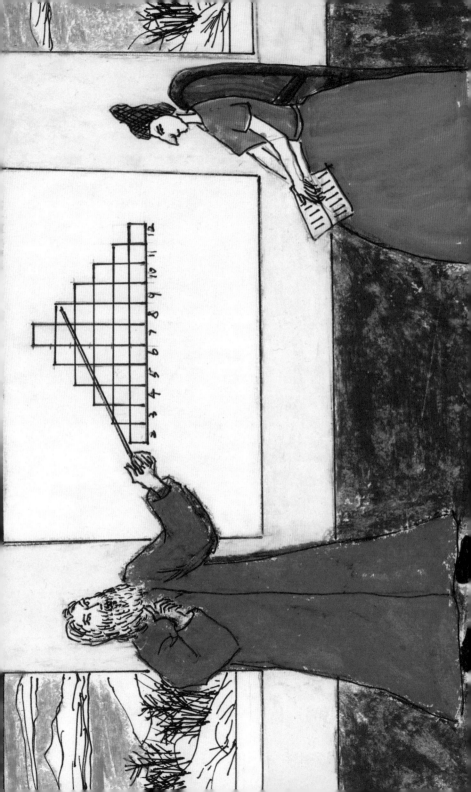

用 1，2，3，4，5，6 来标明，如果我们只掷一次，我们就顶多能说，掷得的数必是这六个数中的某一个。但是要是我们多掷几回，就能观察到某种规律了。如果我们每次把出现的数记下，那么六个数差不多以同样的频率出现。更有趣的是，如果我们同时掷两颗骰子并把二者的点数相加，对于这和数我们能期望什么样的规则呢？

尼：那还不简单，和数可以是 2 到 12 之间的任何一个数。

伽：这不错。可是，这些不同的可能性出现的频繁程度，却不再相等了。7 将出现得最多，大约占全部可能情形的 1/6。其次是 6 和 8，各约占 5/36。5 和 9 各占 1/9，4 和 10 各占 1/12，3 和 11 各占 1/18，最后，2 和 12 只各占全部可能情形的 1/36。

尼：这听起来很神秘，理由是什么呢？

伽：理由很简单！比如说，4 可以以三种方式掷得：第一种，第一颗骰子出现 1，第二颗出现 3；第二种，第一颗骰子出现 3，第二颗出现 1；第三种，两颗骰子都出现 2。相反地，我们只能以唯一的一种方式得到和数 12，即仅当两颗骰子都出现 6 时。这样，和为 4 的情形比和为 2 的情形要多出现三倍。

尼：哪天我要在玩骰子时试验试验这条数学的规律，您认为，我会通过这项知识多赢吗？

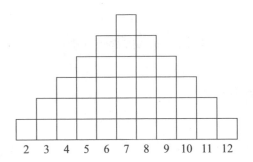

2 3 4 5 6 7 8 9 10 11 12

$2 = 1+1$

$3 = 1+2 = 2+1$

$4 = 1+3 = 2+2 = 3+1$

$5 = 1+4 = 2+3 = 3+2 = 4+1$

$6 = 1+5 = 2+4 = 3+3 = 4+2 = 5+1$

$7 = 1+6 = 2+5 = 3+4 = 4+3 = 5+2 = 6+1$

$8 = \qquad 2+6 = 3+5 = 4+4 = 5+3 = 6+2$

$9 = \qquad\qquad 3+6 = 4+5 = 5+4 = 6+3$

$10 = \qquad\qquad\qquad 4+6 = 5+5 = 6+4$

$11 = \qquad\qquad\qquad\qquad 5+6 = 6+5$

$12 = \qquad\qquad\qquad\qquad\qquad 6+6$

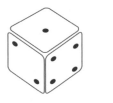

1+5=6

伽：一种游戏，只有当它的规则恰好制定得使得没有哪个参加者能占便宜时，才是公平的。要是规则制定得不好，那么某个参加者当然能大赢特赢，如果他玩的时间足够久，并且他有足够的钱可以玩那么久，直至偶然的规律生效。

尼：我从没有想到，在赌钱游戏里也藏着数学。人们管这个数学的分支叫什么呢？

伽：它太新了，还没有名字呢。

尼：怎么以前就没有人研究过它呢？

伽：数学家一向只习惯于同规律性、准确的东西打交道，不敢去碰偶然性。因为乍看起来，他们肯定在那里讨不了什么活路。而且亚里士多德的权威在这里也起了阻碍的作用。因为照他的看法，数学的对象是一成不变的事物，那么还有什么比捉摸不定的偶然更富有变化呀！甚至更古老些的成见也在这里有着影响。自从远古以来，人们就相信，在一些带有偶然性的现象，比如骰子戏呀，鸟的飞翔呀，祭祀用的牲畜的肝的不规则的轮廓线条呀，等等之中，都是有神意的，他们对这些现象深怀虔敬和恐惧，谁要是敢对这些偶然的——因而神明的——现象以人的理智去研究，那就迹近亵渎了。但是人有理智，不就是为了要用它吗？

尼：对于数学——只说我从您那儿学到的，多了我可就不懂了——我欣赏的一点是，它能够驭繁就简，因而经它的灵光一照，那些曾是看不透的、令人百思不得其解的东西都变得澄明透彻，一目了然了。

伽：这是对的。但我必须加上一句，数学也常常告诉我们，看似简单的东西实际上是多么的错综复杂。

尼：您心里想起了什么呢？伽利略先生？

伽：我只说个简单的例子。您给我写下所有的整数，从 0 开始，我们想象这数列一直延至无穷。现在我们来把这序列中的平方数划出来。您看，我们愈往下走，平方数就愈少，而两个相邻平方数之间的间隔就愈来愈大。

尼：果真。间隔是，1，3，5，7，9……恰好作为全体奇数的序列。

伽：也正好同落下的石头在相同时间内走的路程那个例子一样，不过目前我不打算谈这个。使我们感兴趣的是，平方数愈来愈稀少。如果我现在断言，平方数少于整数，我说的是否为真？

尼：当然为真。

伽：您现在试一试，再写下全部整数的序号，在每个数之下写上它的平方数。对了吧？在第二行里全都是平方数，而且一个也没遗漏？

0	1	2	3	4	5	6	7	8	9	……
0	1	4	9	16	25	36	49	64	81	……

尼：没错。

伽：每个数下面都有个平方数，若两个数不同，则它们的平方数也不同。据此，第二行中无疑有第一行中同样多的数。您还能断言，平方数少于整数吗？显然，当我们方才说，平方数少于整数时，是弄错了。

尼：您的这个例子把我弄糊涂了。我们要从它这里得出什么结论呢？

加：在有限情形成立的，比如说，部分必小于全体，不一定在无限的情形也成立。事实上，芝诺已经认识到这一点，您还记得他的关于竞技场的悖论吗？他发现，联结三角形 ABC 的两边 AC 和 AB 的中点，并把这连线从 A 点往 BC 边上投射，那么对应于线段 B'C' 上的每个点 P' 有线段 BC 上的一个点 P，反过来也一样，于是线段 B'C' 与两倍于它的线段 BC 有一样多的点。但芝诺没有发现，同样的悖论在整数上就发生了。

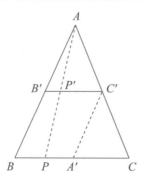

尼：用同样的方法也能证明，偶数和整数一样多，

虽然每两个整数里只有一个是偶数。

伽：我看到，您真正理解了我的意思。一个人是否真懂了某个道理，只要看他是否做得到，自己独立地把它换一个说法，或换一个样子再说出来，简言之，再造它。

尼：确实是这样。一个只能一丝不差照着食谱烧菜的女人并不是真的好厨子。一个好厨子要能随机应变，改动一两处规定，增减一两样作料，要做到，同一个菜，无论烧多少遍，味道就是不完全一样。

伽：也可以说，像自然探索者一样，一个好厨子得做实验。但她有个好处，她不必担心别人会指责她是个异教徒！

尼：伽利略先生，您说了这么多有趣的东西，我一点儿也没觉察，时候已经这么晚了，我相信，您该休息了，真对不起，打扰您这么久，讲了这么多话，您一定累了。

伽：一点也不，这谈话叫我舒服，特别是，它让我忘记了我的官司的烦恼。

尼：要是您能不老惦记着它，那就太好了。

伽：您以为我真没有发现，您常常找我攀谈数学上的问题，只为了让我借以解闷吗？

尼：希望您不要因此而怪我！相信我，即使我有着这样的幕后动机，这些问题还是使我真感觉到有兴趣。依我看，伽利略先生，不仅自然之书您能读，读人类灵魂之书您也在行得很哩。我真不懂，您怎么不把这本事用到您的敌人身上去呢？您大可做到，把自己保护得好些，同时又不那么刺激这班人。

伽：在您天使般的灵魂中耽读，能带给我纯真的快乐，一如探索自然的奥秘与神奇。但在我那些敌人的灵魂中，却没有我可读之物。只有一只猪才喜欢在污物里搜掘。

尼：要是您能强忍不快，下定决心，重新估量您的敌人，可能您会对托里拆利捎来的，那班满怀热情的青年人设计的计划改变看法呢。

伽：怎么了，您也认为我该逃亡了吗？您相信，我不该不接受他们的计划？

尼：我不能回答"是"，仅仅由于我不能判定，这计划是否真够周详，真能实现。要是我在您的位置，伽利略先生，我就会先打听这一点并且问明白所有一切的细节。假如这计划确乎可行——可惜我对它完全没有信心——那真该照办啊。我刚才不愿插嘴。可是现在您当面问我的意见，那我只好照直回答。

伽：那您不相信我能打赢官司了？

尼：您说过，您相信真理必胜。我也认为，真理迟早会胜利的，只不过我们恐怕不及亲见了。您说，他们加之于您的指责是没有根据的，是无法证明的……但要是您以为宗教法庭对于证明会有那么高的要求，就像您，伽利略先生，引进到科学中来的那样，那您就错了。但是让我别再谈这个好吗？我准是给鬼迷住了。现在真是您该安寝的时候了。我希望，您今夜也能睡得像昨夜那么好。

伽：昨夜我梦到，我正坐在这屋子的窗口，忽然我坐着的扶手椅腾空升了起来，它愈来愈高，愈来愈高，一直升上了云头。您简直无法想象，那是多奇妙的一种感觉。当您从上面俯视愈变愈小的地球，它就像月亮一样悬在黑暗的天空，然后您看到它是怎么运动着，怎样在它的轨道上绕日环行，又同时绕着自己的轴转动。我是那么快乐，在我一生中都未曾有，因为我亲眼看到了，地球在运动着。我拿出我的望远镜，一辈子都蹲在地上侦察天空的我，这时从天空侦察起地球来了。那是架极好的望远镜，比我迄今为止所造的每一架都更好，因此我甚至连一些面孔都认得出来。想想看，我看到因肖菲和帕斯夸利戈这两头蠢驴正在台伯河边散步，激动地争辩着。我调了调望远镜，真奇怪，我连他们说话的声音也听到了。他们正谈着地球的运动，他们声称，嗓门一个比一个大，这是错误的、异教的学说。这其间，地球恰恰是在运动着，毫不为他们的喋喋不休所动，雍容优雅地向前飞去，载着这两个大声辱骂着哥白尼的家伙。我被这整个景象逗得乐不可支，忍不住大声笑了出来，我笑得那么厉害，连眼泪都笑出来了，而我也被自己笑醒了。

尼：真是美丽的梦。可能它会更美，要是您看到那样一个时代来临了，那时，小学生们在学校里就学地球绕着太阳运动。

伽：我常常梦到这个时代，而我也坚信，这一天肯定会到来的，科学的进步是阻挡不住的。我知道，这个进步从来不是一帆风顺、直线前进的，它的发展倒更像葡萄的藤，是曲曲折折缠绕着往上爬的。由于科学是人的一项创造，将来也还会有新思想和旧思想的斗争。但是真理迟早会脱颖而出，就像从石缝间冒出的新绿，许多今天还是扑朔迷离的东西，也有一天会真相大白。不过有时我很担忧，人类将怎样利用这些知识，将来的人类会更幸福吗？在我的青年时代，我曾天真地相信，从事科学的人一定是善的。而在这一点上我是深深失望了。是不是在我们所梦寐以求的未来的时代，情况会有所改变呢？在那样的时代，是否也有它自己的成见与教条呢？是否照样还是有庸碌的、妒才的、可憎的、诡诈的人呢？是否卑鄙的诽谤者还是可以任意冤枉正直的人而不受制裁呢？是否还是会有蛀蚀科学之树的蠹虫呢？

尼：真的，当我们想到将来的时代我们只能满怀担忧地希望，人类不仅在知识上有所增长，而且在人性问题上也能有所前进。我相信，在以后的年代里，总不断会有献身于实现我们都向往的时代的人。而当人们回顾我们的时代时，他们会看到，伽利略·伽利雷超然鹤立于他的时代，他们会满怀骄傲地宣布自己是他的学生、他的事业的继承者以及他的梦的传人。